RÉSULTATS

OBTENUS EN 1868

AU MOYEN

DES ENGRAIS CHIMIQUES

PAR

M. GEORGES VILLE

PARIS

IMPRIMERIE ADOLPHE LAINÉ

19, RUE DES SAINTS-PÈRES, 19

1869

RÉSULTATS
OBTENUS EN 1868
AU MOYEN
DES ENGRAIS CHIMIQUES

RÉSULTATS

OBTENUS EN 1868

AU MOYEN

DES ENGRAIS CHIMIQUES

PAR

M. GEORGES VILLE

PARIS

IMPRIMERIE ADOLPHE LAINÉ

19, RUE DES SAINTS-PÈRES

—

1869

A l'appui des opinions que je professe depuis dix ans au Muséum d'histoire naturelle, je puis invoquer aujourd'hui le témoignage favorable de plus de CINQ CENTS RÉSULTATS dus à l'initiative du monde agricole.

Ce concours spontané, venant consacrer la vérité de la *Doctrine des engrais chimiques*, m'autorise à rappeler ce que j'ai dit ailleurs, autant pour rendre hommage à la vérité que pour exprimer le sentiment de la plus profonde reconnaissance :

« Si ces études produisent quelque « bien pour la prospérité du pays, n'ou-

« blions pas que nous en sommes rede-
« vables à l'EMPEREUR, dont l'initiative
« nous a valu la fondation du champ
« d'expériences de Vincennes, à une
« époque où personne ne croyait qu'il
« fût possible, comme je l'avais an-
« noncé, de régler le travail de la végé-
« tation au moyen des éléments que la
« chimie nous découvre dans la subs-
« tance des plantes, et de fonder sur ces
« données nouvelles l'économie d'un ré-
« gime agricole sans antécédent dans les
« traditions du passé. »

GEORGES VILLE.

RÉSULTATS

OBTENUS EN 1868

AU MOYEN

DES ENGRAIS CHIMIQUES

Le champ d'expériences de Vincennes compte maintenant un passé de dix années. A une époque où tout marche si vite, dix ans, c'est presque de l'histoire. Le moment me semble venu d'apprécier, dans une vue d'ensemble, la part que cette utile fondation a prise aux progrès accomplis dans ces derniers temps. L'action qu'elle a exercée sur les esprits est attestée par le grand nombre d'expériences auxquelles on s'est livré de toutes parts sur les engrais chimiques. Les résultats des tentatives parvenus à ma connaissance s'élèvent pour

pour 1868 à plus de cinq cents, et leur importance s'accroît encore de la variété même des conditions dans lesquelles on les a obtenus.

Je vais tenter de dégager de cette multiplicité de témoignages, venus de tous les rangs du monde agricole, les conclusions utiles et pratiques qui me semblent s'en déduire; mais, pour donner à cette étude toute la clarté et la précision dont elle est susceptible, je la diviserai en quatre parties.

La première sera le compte rendu fidèle et sans commentaire des faits.

Dans la deuxième, je [illegible] à en fixer la signification économique.

Le régime agricole né de la doctrine des engrais chimiques fera l'objet de la troisième.

Dans la quatrième, j'indiquerai les moyens de fixer le prix des engrais industriels d'après leur valeur réelle, et de prévenir les fraudes dont ils sont trop souvent l'objet, et qu'aucune législation n'a pu encore obtenir.

I.

LES FAITS.

J'ai dit que les expériences auxquelles on s'est livré en 1868 dépassaient cinq cents. En voici l'exacte répartition par nature de culture :

Froment..	138
Betterave.	190
Pommes de terre.	83
Avoine.	28
Orge.	26
Seigle.	2
Maïs.	10
Sarrasin.	2
Colza	4
Lin.	1
Navets.	3
Prairie.	12
Vigne.	4
Total.	503

Tout le monde sait que jusqu'à ces trente dernières années le fumier de ferme a été le seul agent de fertilité employé par l'agriculture. Eh bien, demandons-nous d'abord auquel, du fumier ou de l'engrais chimique, reste l'avantage par l'importance des récoltes qu'il détermine, et, pour généraliser nos conclusions, faisons porter la comparaison sur toutes les cultures comprises dans le tableau précédent.

Froment. — Le froment figure dans le contingent des expériences de 1868 pour 138 résultats : deux propositions en résument la portée et la signification :

921 kilogr. d'engrais chimique ont produit en moyenne....... 29 hect. 73 de grain par hectare alors que

40.203 kilogr. de fumier de ferme n'en ont donné que........... 21 hect. 06

Soit, en nombre rond, un excédant de 8 hectolitres 1/2 par hectare en faveur de l'engrais chimique.

Mais ce n'est pas tout. Si l'on décompose ces 138 résultats pour mettre en relief les variations de la récolte tant avec l'engrais chimique qu'avec le fumier, on obtient ces deux séries parallèles :

	RÉCOLTE A L'HECTARE.	
	Engrais chimique. hect.	Fumier de ferme. hect.
10 fois.........	46.50	39.22
22 fois........	35.90	26.84
20 fois........	31.20	19.31
22 fois........	27.42	14.50
26 fois........	22.44	14.50
38 fois........	14.96	12.03

Ce qui revient à dire que sur quatre cultures la récolte a été de :

	RÉCOLTE A L'HECTARE.	
	Engrais chimique. hect.	Fumier de ferme. hect.
2 fois de.....	35.25	25.00
1 fois de.....	22.44	14.50
1 fois de.....	14.96	12.03

Avec les engrais chimiques deux récoltes intensives, une bonne récolte moyenne et une récolte médiocre ; avec le fumier, deux récoltes moyennes et deux médiocres.

Betteraves. — Les expériences, au nombre de 190, ont conduit à la même conclusion que pour le froment : les engrais chimiques l'ont emporté sur le fumier de ferme dans une proportion non moins importante :

1.326 kilogr. d'engrais chimique ont donné en moyenne... de betteraves à l'hectare, et	51.948 kilogr.
50.650 kilogr. de fumier seulement	41.811 —
Excédant en faveur de l'engrais chimique...	10.137 kilogr.

La répartition des récoltes n'est pas moins significative que le contraste des moyennes.

	RÉCOLTE A L'HECTARE.	
	Engrais chimique.	Fumier de ferme.
	kilogr.	kilogr.
8 fois......	91.064	70.142
21 fois......	63.507	49.900
35 fois......	53.673	43.670
61 fois......	43.640	34.784
40 fois......	35.373	28.920
25 fois......	24.433	23.453

Pommes de terre. — Mêmes effets que sur la betterave et sur le froment.

Sur 83 expériences on a obtenu :

	RÉCOLTE A L'HECTARE.	
	Engrais chimique.	Fumier de ferme.
	kilogr.	kilogr.
17 fois......	38.271	30.812
16 fois......	24.288	16.871
26 fois......	17.266	14.921
24 fois......	11.119	11.633

Ce qui donne comme moyenne avec :

	A L'HECTARE	
	kilogr.	hectol.
1.000 kilogr. d'engrais chimique.	22.736	349
39.946 — de fumier de ferme.	18.559	285
Excédant en faveur de l'engrais chimique....................	4.177	64

AVOINE. — Même supériorité en faveur des engrais chimiques. 28 expériences comparatives ont donné :

	A l'hectare.
932 kilogr. d'engrais chimique...	42 hect. 60
50.555 — de fumier..........	35 » 30

soit un excédant moyen de 7h.30 par hectare. La décomposition des 28 résultats, source de la moyenne, n'est pas moins instructive :

	RÉCOLTE A L'HECTARE.	
	Engrais chimique.	Fumier de ferme.
	hect.	hect.
9 fois........	58.95	47.66
9 fois........	40.41	36.25
10 fois........	28.45	22. »

ORGE. — Même conclusion pour l'orge.

	Hectol.
1.204 kilogr. d'engrais chimique ont produit en moyenne........	32 40
de grains à l'hectare, et	
40.808 kilogr. de fumier de ferme....	25.40

Excédant : 7 hectolitres en faveur des engrais chimiques.

Mais ce qui n'est pas moins significatif, c'est le décompte des résultats :

	RÉCOLTE A L'HECTARE.	
	Engrais chimique.	Fumier de fer
	hectol.	hectol.
6 fois......	54.58	45.72
7 fois......	34.07	24.60
9 feis......	24.96	18.00
4 fois	15.88	13.35

MAÏS. — Mêmes effets.

	hectol.
926 kilogr. d'engrais chimique ont donné en moyenne.........	37.87
43.000 kilogr. de fumier de ferme...	28.08

Résultats qui se répartissent ainsi :

	RÉCOLTE A L'HECTARE.	
	Engrais chimique. hectol.	Fumier de ferme. hectol.
5 fois........	52.72	» »
5 fois........	23.02	25.65

La supériorité se maintient en faveur de l'engrais chimique, pour le seigle, le sarrasin, le lin, le chanvre, le navet et la prairie. Mais comme les faits recueillis sont en très-petit nombre, je les ai résumés par la comparaison des moyennes. On trouvera plus loin l'indication de chaque résultat en particulier :

Nombre des expériences.		RÉCOLTE A L'HECTARE AVEC			
		Engrais chimique		Fumier de ferme.	
3	Seigle....	34	hectol.	»	hectol.
2	Sarrasin..	30.50	—	19	—
4	Colza....	27.65	—	20	—
1	Lin (tiges).	7.000	kilogr.	4.200	kilogr.

Prairie. — J'aurais attaché une importance particulière à faire une étude approfondie de la prairie; mais à Vincennes cette étude est impossible. La terre est trop exposée à la sécheresse. Dès le mois de juillet, l'herbe se dessèche et meurt sur pied. Comment étendre aux régions humides des pays d'herbages les résultats d'expériences faites dans ces conditions?

Les seules données que je possède me viennent de l'extérieur et sont dues à l'initiative privée. Mais, à mon grand regret, un tiers au moins des résultats se rapporte à la région du Midi, où la sécheresse sévit au moins autant qu'à Vincennes.

Voici néanmoins, à titre de première indication, les rendements qui m'ont été communiqués. Quoiqu'ils n'aient rien que de très-ordinaire, ils attestent que l'avantage reste encore aux engrais chimiques.

On trouvera au répertoire des résultats deux rendements intensifs fort remarquables, mais sur lesquels je n'insiste pas.

	RENDEMENT A L'HECTARE.	
	Engrais chimique.	Fumier de ferme.
	kilogr.	kilogr.
5 fois.........	7.484	» »
6 fois.........	4.990	4.856

Un point capital pour la prairie, c'est la durée de l'engrais. L'action ne se manifeste-t-elle que sur la première coupe? Se fait-elle sentir sur les suivantes? A cet égard il y a unanimité dans les témoignages qui me sont parvenus. L'action survit à la première coupe et se fait encore sentir la seconde année.

M. Gallois, président du comice agricole de Thionville, qui se livre depuis deux ans à des expériences suivies sur la prairie, m'a écrit à ce sujet :

« Je suis heureux de pouvoir vous annoncer que les engrais chimiques ont réussi sur les prairies naturelles au-delà de toute espérance l'année dernière (1868), qui a été d'une sécheresse exceptionnelle, et qu'il en est de même cette année, qui est une année d'humidité.

« Les bons effets de l'année dernière ont persisté cette année, etc., etc. »

VIGNE. — On m'a communiqué beaucoup de renseignements sur la vigne, mais peu de chiffres. Cette lacune est d'autant plus regrettable, que c'est généralement sur les points où les effets ont été les meilleurs que les documents précis me font défaut.

M. Missol, à Saint-Genis-Laval, m'écrivait en 1867 :

« Un massif de cinquante-deux ceps taillés à long bois, fumé avec l'engrais complet a rapporté 150 kilogr. de raisin, soit 1 hectolitre de vin. Les ceps sont à 1 mètre de distance, ce qui en porte le nombre à 10.000 par hectare. A ce compte, un hectare de vigne pourrait rapporter 200 hectolitres, quatre fois ce que donnent les meilleurs crus dans le Beaujolais.

« Ces expériences, jointes à plusieurs autres que je ne rapporte pas, ont été si concluantes *pour moi*, que je viens de faire l'acquisition d'une propriété près de Montélimart. Je vais bientôt me mettre à la besogne...

« Je compte sur la taille à long bois, et surtout sur la fumure complète, pour faire de cette propriété, d'un revenu actuel de

1.000 fr., un grand et beau vignoble qu'on pourra citer, j'espère, sous le rapport de la culture comme aussi sous celui du rendement. »

Chez M. le comte de la Loyère, une expérience qui s'annonçait sous les plus favorables auspices a été grêlée, et la récolte entièrement perdue.

Voici les trois indications des rendements qui me sont parvenues :

	RÉCOLTE A L'HECTARE.		
	Engrais chimique.	Fumier de ferme.	Terre sans aucun engrais.
	hectol.	hectol.	hectol.
Trappistes de Notre-Dame des Dombes..	80	80	»
M. de Narbonne.....	57	46	»
M. du Peyrat.......	46.30	»	30.35

Vous voyez, si nous mettons à part les tentatives sur la vigne et sur la prairie, en trop petit nombre pour être décisives, les engrais chimiques l'emportent partout sur le fumier de ferme. Leur supériorité se fonde non sur une, deux, trois ou dix expériences, mais sur cinq cents expériences dues à l'initiative de cultivateurs qui ont opéré le plus ordinairement à l'insu les uns des autres, dans les conditions de sol et de climat les plus variées. Ce concours spontané, venant aboutir à la même conclusion, est à ma connaissance un fait unique dans l'histoire de l'agriculture. Il atteste dans les populations rurales une vitalité de bon augure, elles sentent instinctivement qu'il faut en finir à la fois avec les procédés artificiels de l'initiative administrative et l'absolu de traditions fort respectables sans doute, mais qui se rapportent à un état social qui n'est plus. Accueillons donc avec confiance le réveil de l'initiative individuelle.

Que sont devant ses libres arrêts les petites conjurations des intérêts privés et les animosités de coteries? — Sous le règne de l'initiative privée, les dissentiments, les discussions doivent perdre forcément leur caractère d'oppression et d'intolérance, pour devenir les conditions, que dis-je? les instruments prépondérants de l'activité sociale.

Les noms de Jacquemont, de Laurent, de Gerhardt, de Gratiolet sont-ils moins honorés des générations naissantes, parce que leurs carrières ont fait d'eux des naufragés? Leurs découvertes sont-elles moins réelles, parce qu'elles furent à l'origine niées, repoussées ou travesties? Les résultats qu'on leur doit sont-ils moins féconds, parce qu'ils furent d'abord incompris ou méconnus? De même où en serait aujourd'hui la question des engrais chimiques sans l'appui qu'elle a reçu du monde agricole?

Borné aux termes qui précèdent, le résumé que je viens de présenter ne donne cependant qu'une idée fort incomplète de l'importance des résultats obtenus en 1868. Pour les apprécier à leur juste valeur il faut se reporter aux témoignages individuels, les rapprocher, les comparer, suivre les rendements dans leurs variations progressives, en bien et en mal (voyez p. 97), pour en dégager, comme je l'ai fait moi-même, la moyenne générale qui en est l'expression synthétique. Si vous consentez à vous livrer à ce travail, vous trouverez pour le froment que les rendements de 50 à 60 hectolitres par hectare sont encore assez fréquents; pour l'orge et l'avoine, qu'ils peuvent atteindre de 70 à 80 hectolitres, — 80.000 et 100.000 kilogr. pour la betterave, — de 30.000 à 40.000 kilogr. pour la pomme de terre.

Il ne serait certainement pas judicieux d'accorder trop d'importance à ces résultats qui sont des exceptions; mais il faut cependant y avoir égard, puisque sur cinq à six récoltes on a la chance de les obtenir une fois et qu'elles font compensation aux années défavorables.

Lorsqu'il y a trois ans j'insistais auprès du monde agricole pour recommander les champs d'expériences, il n'est sorte d'objections que l'on ne m'ait opposées. On niait qu'il fût possible de conclure du petit au grand, et l'on taxait de puérile la prétention de régler le régime d'une grande exploitation sur le témoignage d'un simple champ d'expériences.

Qu'y avait-il de fondé dans ces critiques? Rien, que l'expression d'un parti pris obstiné.

Sur la foi de mes études au champ d'expériences de Vincennes, où l'on opère sur des parcelles de 1 are, j'ai annoncé qu'avec :

	Kilogr.
1.300 kilogr. d'engrais complet n° 2, on obtient de .... de betteraves par hectare.	50 à 55.000
La moyenne des 190 tentatives faites en 1868 accuse pour 1.326 kilogr. d'engrais, un rendement de...............	51.948

J'avais dit qu'en portant la dose de l'engrais de 1.300 kilogr. à 1.600 kilogr., par hectare, le rendement de la betterave s'élevait de 70.000 à 75.000 kilogr.

La moyenne des trois premières séries, comprenant 64 résultats, donne pour 1.379 kilogr. d'engrais 69.414 kilogr. de betteraves par hectare.

Pour la pomme de terre, le froment et l'avoine, l'accord n'est pas moins étroit, comme il résulte de ces deux séries parallèles :

	RÉSULTATS MOYENS.	
	Annoncés.	Obtenus.
Pommes de terre...	25.000 kil.	22.736 kil.
Froment...........	31 hectol.	29h.73
Avoine............	45 —	42h.60

Vit-on jamais un accord plus complet entre la théorie et l'expérience, la science et la pratique?

Mais là ne se borne pas le résultat que l'on doit aux expériences de 1868; elles ont éclairé d'une lumière décisive certains points de pratique sur lesquels on pouvait avoir encore de l'hésitation.

J'avais signalé depuis longtemps les bons effets qu'on pouvait retirer des engrais chimiques employés en couverture au printemps. Des recherches nouvelles entreprises dans ce but spécial ont confirmé les premiers résultats, et je me demande très-sérieusement si cette méthode n'est pas appelée à devenir le procédé usuel. Cette année, au champ d'expériences de Vincennes, deux carrés qui n'ont cessé de produire du froment depuis 1860 étaient, au sortir de l'hiver, dans le plus piteux état. Au mois d'avril, le blé était clair-semé, jaune, et ne promettait qu'une récolte insignifiante. Le 25 avril, une dose ordinaire d'engrais complet fut répandue en couverture sur l'un; rien ne fut donné à l'autre. — En moins de quinze jours la végétation du premier avait éprouvé une véritable résurrection : favorisé par une pluie douce et fine qui avait suivi de quelques jours l'épandage de l'engrais, le blé changea de couleur et prit un essor qui contrastait par son activité avec ceux des carrés voisins qui avaient reçu la même dose d'engrais à l'automne.

Sur le carré qui n'avait pas reçu d'engrais, la récolte a été de $10^{h}.71$; sur celui qui avait reçu l'engrais le 25 avril (ayez égard à la date), de $25^{h}.15$ par hectare.

Chez les trappistes de Notre-Dame des

Dombes, le même fait a été observé. Un blé fumé à l'automne, qui était de toute beauté au mois d'avril, a moins rendu qu'un blé de très-pauvre apparence fumé en couverture au printemps.

Il est désirable que ces expériences soient reprises sur un assez grand nombre de points différents afin de pouvoir prononcer avec une entière certitude sur le mérite respectif des deux méthodes.

Pour moi, éclairé par l'expérience de ces cinq dernières années, je n'hésite plus à conseiller d'employer le sulfate d'ammoniaque en deux fois, la moitié au printemps, et la moitié à l'automne ; la division de la matière azotée permet de relever à la dernière heure les parties des cultures que l'hiver a le plus éprouvées. Je crois, de plus, qu'il y a toute sorte d'avantages à modérer pendant l'automne la formation des organes de nature herbacée.

Sur les terres où la verse est fréquente, la division de l'engrais est surtout de rigueur. Pour ces terres, le nitrate de soude doit même être préféré au sulfate d'ammoniaque; son action est moins brusque.

Les tremblements de terre qui se sont produits l'année dernière sur les côtes du Pérou ont jeté le désarroi dans le commerce de ce produit. Tout le stock, et il était considérable, a été détruit; la fièvre jaune qui a sévi sur le littoral a empêché les arrivages de l'intérieur.

Pendant ce temps, les approvisionnements de l'Europe se sont épuisés, et les premiers arrivages ont été littéralement enlevés par les fabricants de produits chimiques ; mais c'est là une situation transitoire qui ne peut se prolonger. L'exploitation des gisements qui existent au Pérou a été reprise avec plus d'activité que par le passé, et tout me porte à penser qu'au printemps prochain le prix du nitrate de soude sera vraisemblablement revenu à son cours primitif. En lui donnant la préférence sur le sulfate d'ammoniaque, l'agriculture favorisera le mouvement de baisse qui a commencé à se manifester sur ce produit.

Dernière observation : lorsqu'une culture de céréales, froment, orge ou avoine, est en mauvais état au mois d'avril, la terre ayant reçu cependant une bonne fumure à l'automne, avec 50 ou 100 kilogr. au plus de sulfate d'ammoniaque, on peut encore la relever. Il suffit d'une impulsion soudaine donnée à la plante pour que l'engrais de l'automne, paralysé par une saison défavorable, produise son effet ; mais plus la saison est avancée, plus il faut employer des doses modérées de matière azotée. A partir du 20 avril, il ne faut pas dépasser 100 kilogr. de sulfate d'ammoniaque ou 120 kilogr. de nitrate de soude ; la moitié de ces doses est même le plus souvent suffisante.

Je dois ces indications, dont j'ai vérifié le bien fondé, au regrettable M. Schattenmann, qui avait une longue expérience de l'emploi de ces matières.

Lorsqu'on a recours pour la première fois aux engrais chimiques, il est bien difficile de résister à la tentation d'outrepasser les doses que je prescris : leur effet est si rapide, les rendements qu'ils déterminent si élevés, que, malgré soi, l'on est entraîné à ne recourir qu'aux formules intensives. Il ne faut pourtant y céder que dans une juste mesure.

Si l'on se reporte au répertoire général des résultats, on trouvera qu'à part quelques exceptions, les engrais modérés l'ont décidément emporté sur les formules intensives, pour la betterave, la pomme de terre, l'orge et la prairie. Pourquoi cette supériorité en faveur des engrais modérés? A cause de la sécheresse exceptionnelle qui a régné en 1868, pendant les mois de juillet et d'août.

Dans une année humide, les engrais intensifs produisent des rendements vraiment énormes ; mais si la sécheresse sévit et se prolonge trop longtemps, ils perdent une partie de leurs avantages et peuvent avoir même une action décidément nuisible.

Pour qu'une plante prospère, il ne suffit pas qu'elle trouve dans le sol tous les éléments qui lui sont nécessaires ; il faut encore qu'elle puisse les absorber tous dans les proportions du mélange primitif. Or la sécheresse rompt cet équilibre. Les diverses substances dont l'engrais se compose n'étant pas douées de la même solubilité, les sels ammoniacaux, notamment, l'étant plus que les phosphates, il se fait un véritable départ au sein de la terre, et les matières azotées sont absorbées de préférence aux autres termes de l'engrais. Or si, à la suite d'une sécheresse trop longtemps prolongée, l'exclusion des phosphates va au-delà d'une certaine limite, les plantes peuvent en recevoir une atteinte mortelle. Pendant les années humides, les engrais intensifs reprennent l'avantage. Les rendements de 80.000 kilogr. de betteraves par hectare, ceux de 25 à 30.000 pour la pomme de terre, n'ont rien que de très-ordinaire. Pour équilibrer les chances, le mieux est d'employer pour une part égale les engrais intensifs et les engrais modérés ; on pare ainsi à tout événement, et la moyenne générale atteint le niveau le plus élevé.

J'ai dit, au début de cet article, que je me bornerais à comparer l'action du fumier et des engrais chimiques, voulant laisser la parole aux faits et ne pas anticiper sur leur conclusion légitime. Le résultat de cette comparaison est tout en faveur des derniers : leur action accuse une supériorité, une constance qu'il est impossible de méconnaître sans nier l'évidence ou manquer de bonne foi.

La question du rendement se trouvant donc résolue, faisons un nouveau pas en avant : comparons cette fois le fumier et les engrais chimiques sous le rapport de la dépense.

II.

LE PRIX DU FUMIER.

J'ai cherché, dans mes entretiens de 1867, à fixer avec exactitude le prix du fumier de ferme, et, ce qui était plus difficile, à poser les principes d'après lesquels il doit être établi.

Trompé par l'antique croyance que la culture est tenue d'avoir pour point de départ l'élève du bétail et la production du fumier de ferme, on a introduit dans la comptabilité agricole deux éléments contradictoires. Une denrée est-elle consommée dans la ferme, on l'estime au prix de revient; est-elle portée au marché, on l'évalue au prix de vente. Quelle incroyable contradiction! Fixer la valeur des produits, non d'après leur nature ou leur qualité, mais d'après la destination qu'ils reçoivent! Dans le même bilan, la paille, la luzerne, l'avoine, sont cotées à un taux différent, suivant la spécialité des comptes. N'y eût-il, entre l'étable et le marché, que la largeur de la route, la luzerne vaudra 60 fr. les mille kilogrammes, ou seulement 30 fr.! Cette manière de compter est-elle admissible? Non, car elle a pour résultat de fausser le prix réel du fumier et de tous les produits animaux. Les denrées doivent être comptées à leur valeur réelle, et leur prix cesser d'avoir pour régulateur la fantaisie, l'ignorance ou l'arbitraire d'un comptable. Pour ramener l'ordre et la lumière dans les comptes agricoles, il faut procéder, comme on le fait avec tant d'intelligence et de sagacité dans l'industrie, il faut isoler chaque opération, lui ouvrir un compte séparé, débiter l'opération de tout ce qu'elle emploie ou consomme au prix de vente, déduction faite d'une bonification de 10 à 15 pour 100 pour compenser les frais de transport que leur vente au marché aurait entraînés et que l'on n'a point supportés. A cette condition tout s'harmonise, et la vérité se dégage avec facilité jusque dans les moindres détails.

Trois comptes établis d'après ces données, dans mes entretiens de 1867, ont fait ressortir le prix du fumier à

26 fr.	00	la tonne,	chez M. Schattenmann.
11	00	—	chez M. Cavallier, en donnant aux animaux des joncs et de la paille de colza pour litière.
15	85	—	chez M. Cavallier, les joncs étant remplacés par de la paille de froment.
14	87	—	chez M. Boussingault.

Depuis cette époque, j'ai cherché à contrôler ces prix par tous les moyens possibles, et je suis arrivé à la conviction que la moyenne de 15 fr. la tonne que j'ai admise était, dans la grande généralité des cas, de 4 à 5 fr. au-dessous de la vérité.

Il est manifeste qu'on ne saurait poser, à cet égard, de règle absolue; le prix du fumier doit varier à l'infini, car il est affecté par tous les éléments qui entrent dans l'économie d'une exploitation. Pour obtenir une moyenne tant soit peu générale, il faut se fonder sur un grand nombre de comptes différents. Malheureusement ces documents sont rares et difficiles à se procurer. Je vais cependant en présenter cinq nouveaux, qui se rapportent à deux exploitations différentes, et qui ont été établis par spécialité d'animaux.

La question du fumier, à quelque point de vue qu'on l'envisage, est de celles qu'il faut traiter sans parti pris et sans idée préconçue. Je sens mieux que je ne saurais le dire combien ma position m'impose de réserve et de circonspection. Mon nom est trop étroitement lié au sort des engrais chimiques, pour qu'on ne se tienne pas en défiance contre mes conclusions. Loin de m'en affliger, je m'en réjouis presque, parce que j'ai le ferme espoir qu'après m'avoir lu, on sera forcé de revenir de cette prévention.

J'ai dans l'avenir du système agricole que je préconise une foi trop entière pour ne pas éviter tout ce qui pourrait ressembler à une exagération. A quoi sert-il de sortir des limites du vrai? N'est-ce pas aller au-devant d'une condamnation certaine? Je l'ai dit déjà, et je tiens à le répéter, je n'estime les systèmes agricoles que par le profit qu'ils procurent (à la condition, bien entendu, qu'il n'est pas porté atteinte à la fertilité initiale du sol), et si j'attache tant d'importance à fixer avec exactitude le prix du fumier, c'est parce qu'il est le régulateur par excellence de tous les profits.

Qu'on me pardonne cette digression; elle m'était presque imposée par ma situation particulière. A défaut d'autre mérite, elle aura montré combien je suis pénétré du désir de contribuer à la solution de cette question primordiale qui réagit en agriculture sur toutes les autres.

Il y a, dans la question du fumier, deux choses qu'on ne saurait trop s'appliquer à ne pas confondre : sa *valeur intrinsèque* et son *prix de revient*.

Qu'appelons-nous la valeur intrinsèque du fumier? Son estimation déduite de sa richesse en *acide phosphorique, potasse, chaux et matière azotée* estimés au taux des produits chimiques correspondants.

Si le prix de revient du fumier est inférieur à sa valeur effective, on doit s'efforcer d'en accroître la production; si, au contraire, il la dépasse, il faut réduire le nombre des animaux, et remplacer, dans une certaine mesure, le fumier par les engrais chimiques. A cette condition, on est sûr de produire avec profit. Insistons sur ce point, dont l'importance est capitale.

Quelle est, au prix du jour, la valeur du fumier déduite de sa richesse? 14 fr. 50 la tonne. Mais ce taux doit subir une réduction d'au moins 2 fr. 50 par tonne, ce qui donne 12 fr., comme expression de la valeur *intrinsèque* d'une tonne de fumier (1).

Pourquoi cette réduction de 2 fr. sur le prix déduit de la richesse? Parce que l'azote n'est pas dans le fumier sous une

(1) Depuis 1867, le prix des produits qui entrent dans la composition des engrais chimiques a subi un mouvement de hausse continue, mais assez faible, résultant de la surabondance des demandes. La production prise au dépourvu fait en ce moment les plus grands efforts pour répondre aux besoins agricoles. L'industrie des produits chimiques trouvera dans ce nouveau débouché une source de prospérité et une compensation à la concurrence redoutable que lui fait l'Angleterre depuis le traité de commerce.

	PRIX DES 100 KIL.		
	1867.	1868.	1869.
	—	—	—
	fr.	fr.	fr.
Phosphate acide de chaux......	16 »	16 »	16 »
Nitrate de potasse............	62 »	64 »	66 »
Sulfate d'ammoniaque.........	45 »	45 »	46 »
Sulfate de chaux..............	2 »	2 »	2 »

Produits chimiques équivalents à 40.000 kilogr. de fumier de ferme.		DÉPENSE.		
		1867.	1868.	1869.
		—	—	—
	kilogr.	fr.	fr.	fr.
Phosphate acide de chaux.	600	96 »	96 »	96 »
Nitrate de potasse.......	320	198 40	204 80	211 20
Sulfate d'ammoniaque....	560	252 »	252 »	257 60
Sulfate de chaux.........	850	17 »	17 »	17 »
Prix de l'équivalent de 40.000 kil. de fumier..................		563 40	569 80	581 80
Prix de l'équivalent de 1.000 kil. de fumier..................		14 08	14 24	14 55

forme entièrement assimilable, comme dans les engrais chimiques, qu'il s'en dégage un grand tiers à l'état de gaz azote, par suite de la décomposition du fumier dans le sol; il y a donc là une perte dont il faut tenir compte.

La valeur utile du fumier se trouvant fixée à 12 fr. la tonne, quel est, au vrai, son prix de revient?

Le premier compte qui va nous occuper m'a été communiqué par M. Caillet, ingénieur civil, et propriétaire d'une importante exploitation, *la Normanderie*, située dans les environs d'Alençon, où l'on engraisse chaque année un grand nombre de bœufs avec la pulpe d'une distillerie annexée à la ferme.

EXTRAIT DU COMPTE DES BŒUFS

A LA NORMANDERIE (Orne).

	Le mètre cube. fr.		Les 1.000 k. fr.	
Le mètre cube (750 k.) à 5 fr. à la sortie de la fosse..........	5	00	6	66
Curage de la bouverie, arrosage des fumiers.........	»	40	»	54
Chargement et transport par un homme et les chevaux de la ferme (les chevaux à 3 fr. du collier).........	»	88	1	17
Épandage.................	»	08	»	11
Perte sur le compte de la bouverie : 6.815 fr. 03.......	6	36	8	48
Fumier produit : 1.418 m.c. = 6.815 fr. 03 : 1.418 m.c. = 4 fr. 8060................	4	80	6	40
Totaux.....	11	16	14	88

Ainsi, dans une exploitation à laquelle est annexée une distillerie, le fumier revient à 14 fr. 88 les 1.000 kilogr.

Mais ce que je n'ai pas dit et ce qu'il faut ajouter, c'est que les animaux recevaient pour litière de la *bruyère*, valant 20 francs les 1.000 kilogr., tandis que la paille en vaut 43, et que, s'ils avaient reçu de la paille, le prix du fumier aurait dépassé VINGT FRANCS LES 1.000 KILOGRAMMES.

Dans l'économie de ce compte, les fourrages, la paille et la pulpe sont comptés au prix de vente, avec déduction de 15 pour 100 pour compenser les frais de transport que la vente au marché aurait entraînés. Dernière remarque bien digne de n'être pas omise : les frais accessoires pour le curage des étables, le chargement, le transport et l'épandage du fumier à la surface des champs, s'élèvent à 1 fr. 82 par 1.000 kilogr., soit 109 fr. 20 pour une fumure de 60.000 kilogr. !

Je passe à l'examen des quatre comptes nouveaux, divisés par catégories d'animaux, et se rapportant à une très-belle exploitation située dans le département des Ardennes et qui appartient à l'honorable M. Autier. Là, pour une production de 1.464.000 kilogr., la dépense s'est élevée, dit-on, à 21.537 fr. 54, ce qui porte le prix du fumier à 14 fr. 70 les 1.000 kilogr. L'examen détaillé de ces comptes va nous conduire à une conclusion bien différente. Nous allons trouver, en effet, qu'au lieu de 14 fr. 70, que suppose M. Autier, le fumier lui revient à 23 fr. la tonne.

Comment est-il possible, en partant des mêmes éléments, d'arriver à des conclusions si différentes? Parce que M. Autier, dont les comptes dénotent une haute intelligence commerciale, impute au travail des animaux une partie de la dépense qui devrait peser sur le fumier. Il surélève arbitrairement le prix de la journée de travail, ce qui a pour conséquence de réduire d'autant le prix du fumier. Pour justifier mes critiques, je vais faire passer sous vos yeux chaque compte séparément, en commençant par les plus simples, de façon à poser, chemin faisant, les principes d'après lesquels les prix respectifs du travail des animaux et du fumier doivent être fixés dans les comptes plus complexes où ils figurent tous deux.

Je commence par les comptes des bêtes de rente comprenant les porcs, les moutons, les vaches. Ici tout est simple. La dépense étant balancée par le produit des ventes, il n'y a pas de dissentiment possible. Tout est connu et défini avec la dernière rigueur.

COMPTE DES PORCS (23 têtes).

DOIT :

DÉPENSES *du* 1er *mars* 1868 *au* 28 *février* 1869.

Il existait au 1er mars 1868, 31 têtes estimées	1,585 fr. »
A reporter. . .	1,585 fr. »

	Report. . . .	1.585 fr.	»
Il existait au 1er mars 1868, valeur du mobilier et outillage		1.578	65
Consommation.	Farines diverses, 5. 35 kilogr. à 30 fr. les 100 kilogr.	1.660	50
—	Son et gruau, 1.257 kilogr. à 15 fr. les 100 kilogr.	188	55
—	Criblures, 2.647 kilogr. à 10 fr. les 100 kilogr.	264	70
—	Seigle, 420 litres à 20 fr. les 100 litres	84	00
—	Orge, 45 litres à 10 fr. les 100 litres	4	50
—	Lait, 2.373 lit. à 0 fr. 08 le litre	189	84
—	Lait écrémé, 3.995 litres à 0 fr. 04 le litre	159	80
—	Eaux grasses et petit-lait, 29.527 litres à 0 fr. 01 le litre	295	27
—	Topinambours, 3.350 kilogr. à 20 fr. les 1.000 kilogr.	67	»
—	Carottes, 250 kilogr. à 35 fr. les 1.000 kilog.	8	75
—	Pommes de terre, . .280 litres à 4 fr. l'hectol.	291	20
—	Glands, 968 lit. à 2 fr. 25 l'hectol	21	78
—	Pulpes de distillerie, 11.575 kilogr. à 8 fr. les 1.000 kilogr.	92	60
—	Pulpes de sucrerie, 4.925 kilogr. à 16 fr. les 1.000 kilogr.	78	80
—	Pailles diverses, 26.756 kilogr. à 35 fr. les 1.000 kilogr.	936	46
—	Trèfle vert, 13.260 kil. à 15 fr. les 1.000 kil.	198	90
	A reporter.	7.706 fr.	30

Report.....	7.706 fr.	30
Consommation. Dravière d'été, 1.405 kilogr. à 15 fr. les 1.000 kilogr........	21	07
— Pâturage	40	27
Achat de 3 porcs craonnais...........	465	»
Transport (moitié).................	49	35
Castration de porcs................	24	50
Tuage...........................	4	»
Gages et nourriture du porcher......	559	15
Intérêts à 5 pour 100 portant sur 3.163 fr. 65, capital vivant et mobilier...	158	18
Total.....	9.027 fr.	82

AVOIR :

PRODUITS *du* 1er *mars* 1868 *au* 28 *février* 1869.

Fumier, 92.000 kilogr. à 6 fr. 50 le kil.	598 fr.	»
Porcs tués pour la consommation du ménage, 880 kilogr...............	1.178	50
Porcs vendus, 101.....	2.631	60
Saillies.........................	35	»
Travaux divers faits par le porcher. ..	220	»
Au 1er mars 1869, valeur des 23 têtes existant.......................	2.567	»
Au 1er mars 1869, valeur du moblier et de l'outillage...................	1.586	15
Total.....	8.816 fr.	25

Dépenses.........	9.027 fr.	82
Produits.........	8.816	25
Perte.....	211 fr.	57

La perte de 211 fr. 57, répartie sur 92.000 kilogr. de fumier produit par la porcherie dans un an, donne par 1.000 kilogr. une augmentation de..........................	2 fr.	30
Prix du fumier arbitré dans le compte..	6	50
Prix réel de 1.000 kilogr. de fumier de porc................................	8 fr.	80

Ici pas d'hésitation : le fumier revient

à un prix plus avantageux que les engrais chimiques.

COMPTE DES MOUTONS (819 têtes).

DOIT :

DÉPENSES *du* 1er *mars* 1868 *au* 28 *février* 1869.

Au 1er mars 1868, il existait 661 têtes	estimées........	23.016 fr.	40
—	Mobilier et outils des bergeries...	2.145	80
Consommation.	Pulpes de distillerie, 127.890 kilogr. à 8 fr. les 1.000 kilog.	1.023	12
—	Pulpes de sucrerie, 56.930 kilogr. à 16 fr. les 1.000 kilogr....	910	88
—	Menues pailles, 22.966 kilogr. à 35 fr. les 1.000 kilogr.........	803	81
—	Dravière d'hiver, 3.607 gerbes à 0 fr. 32...	1.154	24
—	Dravière d'été, 21.250 kilogr. à 0 fr. 15...	318	75
—	Avoine en grains, 7.159 kil. 500 à 20 fr. les 100 kilogr..........	1.431	90
—	Avoine en gerbes, 550 gerbes.............	207	40
—	Trèfle blanc, 5.280 kil. à 40 fr. les 1.000 kil.	211	20
—	Trèfle blanc, 46.110 kil. à 15 fr. les 1.000 kil.	691	65
—	Trèfle sec, 51.650 kil. à 40 fr. les 1.000 kil.	2.066	»
—	Foin de pré, 13.173 kil. à 50 fr. les 1.000 kil.	658	70
—	Regain, 4.179 kilogr. à 40 fr. les 1.000 kilog.	167	16
—	Trémois en grains, 3.668 litres........	391	25
	A reporter.....	35.198 fr.	26

		fr.	c.
	Report.....	35.198 fr.	26
Consommation.	Tourteaux, 12.491 kil. à 15 fr. les 100 kil.	1.873	65
—	Son et gruau, 895 kil. à 15 fr. les 100 kil.	134	25
—	Farine de trémois, 250 kil. à 30 fr. les 100 k.	75	»
—	Blé de mars, 630 kilogr. à 40 fr. les 1.000 kil.	25	20
—	Luzerne sèche, 12.977 kilogr. à 50 fr. les 1.000 kilogr........	648	85
—	Ratellures diverses, 3.300 kilogr. à 35 fr. les 1.000 kilogr.....	115	50
—	Pailles diverses, 88.825 kilogr. à 35 fr. les 1.000 kilogr........	3.108	87
—	Paille de colza, 9.925 kilogr. à 30 fr. les 1.000 kilogr.	297	75
—	Pâturage à prairies....	1.703	95
—	Nourriture des chiens.	252	»
Lavage des moutons et tonte.........		234	87
Travaux divers (sortir et rentrer terres et marne, sortir fumier des bergeries).		512	85
Gages et nourriture des bergers......		1.439	43
Achat de tabac.....................		3	75
Achat de brebis (frais de courses et transport)......................		3.977	40
Achat d'un bélier southdown.........		340	30
Intérêts à 5 pour 100 portant sur 25.162 fr. 20, capital vivant et mobilier..........................		1.258	11
	Total.....	51.199 fr.	99

AVOIR :

PRODUITS *du* 1er *mars* 1868 *au* 28 *février* 1869.

	fr.	c.
Fumier, 440.000 kilogr. à 6 fr. 50....	2.860 fr.	»
Moutons tués pour le ménage, 214 kil. à 1 fr. le kilogr..................	214	»
A reporter. . . .	3.074 fr.	»

Report. . . .	3.074 fr.	»
Moutons vendus....................	6.912	»
Laine vendue........................	5.391	82
Peaux de moutons vendues..........	109	50
Valeur du troupeau au 1er mars 1869.	24.932	30
Valeur du mobilier et de l'outillage...	2.203	97
Total.....	42.623 fr.	59

Dépenses.........	51.199 fr. 99
Produits.........	42.623 59
Perte.....	8.576 fr. 40

La perte de 8.576 fr. 40 répartie sur 440.000 kilogr. de fumier produit par les moutons dans un an, donne par 1.000 kilogr. une augmentation de................ 19 fr. 49

Prix du fumier arbitré dans le compte.. 6 50

Prix réel de 1.000 kilogr. de fumier de mouton.............................. 25 fr. 99

Cette fois, la différence est tout en faveur des engrais chimiques. Ce résultat s'explique par la baisse du prix des laines, produite par les importations de jour en jour plus considérables des laines d'Australie.

COMPTE DES VACHES (48 têtes).

DOIT :

DÉPENSES *du* 1er *mars* 1868 *au* 28 *février* 1869.

Au 1er mars 1868, il existait 40 têtes, pesant 16.220 kil., estimées........		11.401 fr.	60
—	Mobilier et outils des écuries estimés..	772	45
Consommation.	Pulpes de distillerie, 188.487 kilogr. à 8 fr. les 1.000 kilogr.....	1.507	89
—	Menue paille, 21.254 kil. à 35 fr. les 1.000 kil.	743	89
	A reporter.....	14.425 fr.	83

	Report.....	14.425 fr.	83
Consommation.	Foin de prés, 18.749 k. à 50 fr. les 1.000 kil.	937	45
—	Regain, 9.523 kilogr. à 40 fr. les 1.000 kilogr.	380	92
—	Trèfle sec, 100 kilogr. à 40 fr. les 1.000 kilogr.	4	»
—	Trèfle vert, 42.100 kil. à 15 fr. les 1.000 kil.	631	50
—	Luzerne verte, 1.855 k. à 15 fr. les 1.000 kil.	27	82
—	Herbes diverses, 14.335 kil. à 15 fr. les 1.000 kilogr.............	215	02
—	Dravière d'été, 39.345 kil. à 15 fr. les 1.000 kilogr.............	590	17
—	Millet, 9.725 kilogr. à 15 fr. les 1.000 kilogr.	145	87
—	Moutarde, 12.810 kil. à 15 fr. les 1.000 kil.	192	15
—	Feuilles de navet, 6.300 kil. à 15 fr. les 1.000 kilogr.............	94	50
—	Pailles diverses, 83.975 kil. à 35 fr. les 1.000 kilogr.............	2.939	12
—	Pailles de colza, 7.000 kil. à 30 fr. les 1.000 kilogr.............	210	»
—	Topinambours, 10.490 kil. à 20 fr. les 1.000 kilogr.............	209	80
—	Carottes, 448 kilogr. à 30 fr. les 1.000 kilogr.	13	44
—	Avoine en grains, 927 k. 500 à 20 fr. les 100 k.	185	50
—	Orge, 122 kil. à 20 fr. les 100 kilogr.......	24	40
—	Farines diverses, 1.600 kil. à 30 fr. les 100 k.	480	»
—	Son et gruau, 649 kil.		
	A reporter....	21.707 fr.	49

Report. . . .	21.707 fr.	49
à 15 fr. les 100 kil..	97	35
Consommation. Tourteaux, 6.503 kil. à 15 fr. les 100 kilogr.	975	45
— Lait donné aux veaux, 9.301 litres à 0 fr. 08 le litre...........	744	08
— Lait écrémé, 8.606 litres à 0 fr. 04 le litre....	344	24
— OEufs, 19 à 0 fr. 05...	»	95
— Pâturages à prairies...	437	50
Achat de 6 vaches femelines et 1 taureau (transport compris)...............	2.847	75
Achat de 1 taureau femelin à Apremont.	250	»
Frais de transport du taureau	24	80
Achat de 2 petits bœufs.............	101	»
Gages et nourriture des vachers......	1.160	08
Intérêts à 5 pour 100 sur 12.174 fr. 05, capital vivant et mobilier..........	608	70
Total.....	29.299 fr.	39

AVOIR :

PRODUITS *du* 1er *mars* 1868 *au* 28 *février* 1869.

Lait, 37.806 litres à 0 fr. 08 le litre....	3.024 fr.	48
Fumier, 474.050 kilogr. à 6 fr. 50 les 1.000 kilogr.......................	3.081	32
Saillies...........................	8	»
Vente des vaches n°s 18 et 19.......	583	»
— de 2 veaux..................	88	»
— de 2 bœufs n°s 68 et 69.......	1.141	»
— à l'écurie des bœufs de trait, 5 bœufs pesant 1.830 kilogr. à 70 fr. les 100 kilog.........	1.281	»
— 1 veau.....................	36	»
— 1 vache n° 11................	403	20
— 2 bœufs n°s 40 et 43..........	1.170	»
— à l'écurie des bœufs de trait, 3 bœufs pesant 940 kilogr. à 70 fr. les 100 kilogr.........	658	»
— 3 vaches n°s 10, 20 et 16.....	870	»
A reporter.....	12.344 fr.	00

Report.....	12.344 fr. 00
Il existe au 1er mars 1869 48 têtes pesant 18.980 kilogr. estimés.......	12.932 50
Il existe au 1er mars 1869, mobilier et outils des écuries................	806 30
Bénéfice produit par la laiterie......	317 93
Total.....	26.400 fr. 73

Dépenses........	29.299 fr. 39
Produits.........	26.400 73
Perte.....	2.898 fr. 66

La perte de 2.898 fr. 66, répartie sur 474.000 kilogr. de fumier produit par la vacherie dans un an, donne par 1.000 kilogr. une augmentation de..................	6 fr. 11
Prix du fumier arbitré dans le compte.	6 50
Prix réel de 1.000 kilogr. de fumier de vache..................................	12 fr. 61

Cette fois, il y a équilibre : le fumier est à son prix. Pour être tout à fait rigoureux, il eût fallu déterminer par des analyses séparées la composition de chaque nature de fumier. Mais ces appréciations parfaitement judicieuses et fondées en principe, nous feraient tomber dans des minuties auxquelles la pratique ne peut pas descendre.

J'arrive aux comptes des bêtes de trait.

Ici le problème se complique. A quel taux faut-il porter le travail des animaux? Il est manifeste que, si l'on distrait du compte le travail et le fumier, il se solde en perte, et que, suivant le prix attribué au travail, le fumier ressortira ou très-cher ou très-bon marché. En réalité, ce compte est l'équivalent d'une équation à deux inconnues. La valeur de l'un de ces termes, travail et fumier, dépend de la valeur que l'on assigne à l'autre.

D'après quelles données fixera-t-on le prix du travail? Il y a deux solutions.

On peut prendre pour prix de la journée des chevaux celui qu'on paye dans la localité aux tâcherons qui vont à la journée avec leur attelage.

Dans ce cas, les attelages sont assimilés à un atelier indépendant devant produire son profit.

— Deuxième solution. Les denrées de consommation étant livrées aux écuries au prix du marché, ce qui assure à la culture le bénéfice qui lui est dû, on peut donner pour prix du travail les frais de nourriture et d'entretien, comprenant les gages des domestiques, l'usure du matériel, et l'intérêt du capital employé. Dans ce cas, le travail ne donne pas par lui-même de bénéfice : on l'assimile à un débouché sur place.

Laquelle de ces deux solutions doit-on préférer? Au lieu de choisir, en me fondant sur des considérations théoriques, je trouve préférable de procéder par analogie, et d'amener le lecteur à décider lui-même sous la pression des exemples que j'aurai rapportés.

Supposons donc une affaire par action, très-complexe, comprenant un charbonnage, une ferme et une sucrerie.

La ferme livre des betteraves à la sucrerie. — A quel prix doit-elle les lui compter? A celui que la sucrerie paye à ses autres fournisseurs. Ceci est élémentaire. Pour savoir d'où viennent les dividendes distribués chaque année aux actionnaires, il faut que chacune des trois opérations agisse et se meuve d'une vie propre.

Si donc le charbonnage livre de la houille à la ferme et à la sucrerie, il doit le leur vendre au cours.

Ceci continue à rallier tous les suffrages par son évidence.

La sucrerie absorbe, pour le râpage des betteraves, l'évaporation du jus, le travail des presses et celui des turbines, une force de 80 chevaux-vapeur. Comment établit-on le compte de cette force motrice ?

En débitant le compte de la consommation de la houille des frais de manœuvres, entretien, réparations, de l'intérêt du capital représenté par les machines et les constructions, plus d'un amortissement destiné à reconstituer ce capital dans une période de dix ou quinze années. — Le crédit du compte se balance par le travail défini numériquement en chevaux-vapeur. Personne n'a jamais eu l'idée de vouloir fixer le prix du travail par celui d'un entrepreneur à forfait. Quel avantage y aurait-il à faire une opération à part du travail des machines et à l'affecter d'un bénéfice qui viendrait en déduction de celui que produit la sucrerie dont la machine est un simple rouage? Ici encore l'évidence des faits emporte la conclusion.

Nous admettrons donc que le travail des attelages ne doit figurer dans les comptes que pour mesure d'ordre, et qu'en fait il n'est et ne peut être qu'une simple transformation de valeur.

Le prix du travail aura donc pour expression les frais d'entretien, dans lesquels les fourrages et la paille ayant été cotés au prix du marché, ont sauvegardé le profit qui appartenait à la culture.

Le compte des bêtes de trait se trouvant fixé par ces explications, efforçons-nous d'en dégager la véritable signification.

Voici d'abord le compte des chevaux, tel que M. Autier l'établit :

COMPTE DES CHEVAUX (16 têtes).

DOIT :

DÉPENSES *du* 1er *mars* 1868 *au* 28 *février* 1869.

Il existait au 1er mars 1868 19 têtes estimées........................	8.100 fr.	»
Il existait au 1er mars 1869, mobilier et outils des écuries..................	2.180	»
Consommation. Avoine en grains, 23.122 kil. 500 à 20 fr. les 100 kilogr..........	4.624	50
— Seigle, 80 litres à 20 fr. les 100 litres.......	16	»
— Blé, 120 litres à 25 fr. les 100 litres.......	30	»
— Farines diverses, 2.088 kil. à 30 fr. 100 kil..	626	40
— Son et gruau, 801 kil. à 15 fr. les 100 kilogr.	120	15
A reporter.....	15.697 fr.	05

	Reporter.....	15.697 fr.	05
Consommation.	Carottes, 5.325 kilogr. à 30 fr. les 1.000 kil..	159	75
—	Paille hachée, 2.605 kil. à 35 fr. les 1.000 kil.	91	17
—	Foin de prés, 43.393 k. à 50 fr. les 1.000 kil.	2.169	65
—	Luzerne, 1re coupe, 9.359 kilogr. à 50 fr. les 1.000 kilogr.....	467	95
—	Trèfle vert, 6.985 kil. à 15 fr. les 1.000 kil.	104	77
—	Pailles diverses, 46.260 kil. à 35 fr. les 1.000 kilogr.............	1.619	10
—	Pailles de colza, 2.000 kil. à 30 fr. les 1.000 kilogr.............	60	»
—	Pâturage à prairies...	122	50
—	Tabac...............	3	75
Frais d'annonce pour l'étalon Houp-là.		4	80
Gages et nourriture des charretiers...		2.815	06
Charretiers supplémentaires.........		274	35
Frais d'entretien des équipages, ferrage, vétérinaire, éclairage, etc..........		1.925	»
Intérêts à 5 pour 100 sur 10.280 fr., chevaux et matériel..............		514	»
	Total......	26.028 fr.	90

AVOIR :

PRODUITS *du 1er mars* 1868 *au 28 février* 1869.

Fumier, 186.000 kilogr. à 6 fr. 50....	1.209 fr.	»
JOURNÉES DE TRAVAIL, 3.676 1/2 à 4 fr.	14.706	»
Vente de la jument Duchesse.........	425	»
Chevaux morts ou abattus, 3 à 15 fr...	45	»
Saillies, 10, dont 9 à 15 fr. et 1 à 10 fr.	145	»
Travaux supplémentaires des charretiers............................	96	12
Valeur des chevaux existant au 1er mars 1869...........................	6.800	»
Valeur du mobilier et de l'outillage des écuries.........................	2.162	75
Total....	25.588 fr.	87

Dépenses.........	26.028 fr. 90
Recettes..........	25.588 87
Perte.....	440 fr. 03

La perte de 440 fr. 03, répartie sur 186.000 kil. de fumier produit dans un an, donne par 1.000 kilog. une augmentation de.....	2 fr. 36 p. 1,000 k.	
Prix du fumier arbitré dans ce compte........................	6 50	—
Prix réel de 1.000 kilogr. de fumier de cheval..............	8 fr. 86	—

8 fr. 86 ! On va voir que ce prix est inférieur de 23 fr. 73 au prix réel, qui est de 32 fr. 59 la tonne.

Comment un pareil écart est-il possible en se fondant sur les mêmes données? Je vous l'ai dit, parce que M. Autier impute aux journées de travail les frais de nourriture et d'entretien pendant toute la durée de l'exercice. Il fait supporter aux journées de travail la dépense effectuée pendant les journées de repos et de chomage. Moi, au contraire, je répartis la totalité de la dépense sur le nombre des journées comprises dans l'exercice, sans distinction de leur affectation au travail et au repos. C'est ainsi qu'au lieu de 4 francs admis par M. Autier, je suis amené à fixer le prix de la journée à 2 fr. 80 (1). Cette somme représente la dépense réelle d'une journée, tout compris, nourriture, entretien, gages de domestiques, intérêt des capitaux, etc.

(1) Elle est de 3 fr. dans le compte de M. Caillet.

Les chevaux sont-ils occupés, les frais sont balancés par le travail, et le fumier ressort en bénéfice. ....

Au contraire sont-ils au repos, on les assimile aux bêtes de rente. Cette fois les frais de nourriture et d'entretien n'ayant plus pour contre-valeur que le fumier, le fumier ressort à un prix très-élevé.

Dans le premier cas il y a gain, et perte dans le second. Le prix réel du fumier résultant de la fusion de ces deux éléments a pour expression le montant des frais pendant la période de repos, et n'étant plus elle-même qu'une contre-valeur, le compte précédent doit revêtir cette nouvelle forme :

DOIT :

Valeur des animaux................	8.100 fr.	»
Mobilier des écuries................	2.180	»
Frais de nourriture................	10.220	59
— d'entretien................	1.925	»
Gages des charretiers................	3.089	31
Intérêt des capitaux à 5 pour 100 pour 11.489 fr. 50................	514	»
	26,028 fr.	90

AVOIR :

Valeur des animaux................	6.800 fr.	»
Mobilier................	2.162	75
3.676 journées de travail à 2 fr. 80...	10.292	80
Vente de la jument Duchesse........	425	»
10 saillies de l'étalon........	145	»
Travaux divers par les charretiers....	96	12
3 chevaux abattus à 15 francs l'un....	45	»
186 tonnes de fumier, pour balance...	6.062	23
	26,028 fr.	90

$\frac{6,062 \text{ fr. } 23}{186 \text{ T}}$ = 32 fr. 59, prix de la tonne de fumier,

Préférez-vous conserver au compte la forme que M. Autier lui a donnée? Vous n'y gagnerez rien, car si le fumier y figure à un prix réduit, les frais de culture y atteignent des proportions inadmissibles.

S'il vous restait un doute sur la légitimité des rectifications que j'indique, pour les justifier il me suffirait de vous présenter le compte des bœufs. Ici il n'est pas possible d'annuler la période de repos au profit de la période de travail; le débit de chaque période est balancé par un produit différent : la viande et le travail, qui font tour à tour des bœufs des bêtes de rente ou des bêtes de trait.

Mais ne nous lassons pas, et pour faire la lumière ne craignons pas de remonter aux éléments les plus reculés de l'opération.

Lorsqu'on annexe une distillerie à une ferme, comme c'est le cas chez M. Autier, que se propose-t-on? De suppléer à l'insuffisance de la prairie et d'accroître la production du fumier au moyen de la pulpe de la betterave. On fait plus : on exagère le nombre des bœufs que réclame l'exploitation, et l'on spécule sur leur engraissement.

De là deux périodes dans l'opération : les bœufs travaillent, leur travail paye leur entretien, le fumier ressort à 0 : c'est le bénéfice.

Les bœufs sont au repos : ils produisent de la viande et du fumier; le produit de la viande étant fixé par la vente des animaux, le solde débiteur qui balance le compte a pour contre-valeur le fumier dont il fixe le prix.

Cette fois encore, la somme du fumier produit tant pendant la période de travail que pendant celle de repos a pour expression les frais d'entretien et de nourriture pendant la *seule période de repos et d'engraissement*, *déduction faite du croît et des produits réalisés.*

Si l'on impute aux journées de travail la totalité de la dépense, on réduit à la fois le prix de revient de la viande et du fumier de tout ce qui charge arbitrairement celui du travail.

Pour mieux préciser ces remarques, voici d'abord le compte des bœufs dans la forme que M. Autier lui a donnée :

COMPTE DES BŒUFS (31 têtes).

DOIT :

DÉPENSES *du* 1er *mars* 1868 *au* 28 *février* 1869.

	Fr.	c.
Il existait au premier mars 1868 26 têtes, pesant 15.170 kilogr., estimées.	10.619	»
Mobilier et outils des écuries....	870	40
Consommation. Menue paille et silique, 12.356 kilogr. à 35 fr. les 1.000 kilogr....	432	46
— Pulpes de distillerie, 123.010 kilogr. à 8 fr. les 1.000 kilogr......	984	08
— Foin des prés, 49.370 ki-		
A reporter.....	12.905	94

		Fr.	c.
	Report.....	12.905	94
	logr. à 50 fr. les 1.000 kilogr..............	2.468	50
Consommation.	Trèfle sec, 40.517 kilogr. à 40 fr. les 1.000 kilogr................	1.620	68
—	Trèfle vert, 48.615 kilogr. à 15 francs les 1.000 kilogr.........	729	22
—	Luzerne sèche, 850 kilogr. à 50 francs les 1.000 kilog..........	42	50
—	Luzerne verte, 8.530 kilogr. à 15 francs les 1.000 kilogr........	127	95
—	Pailles diverses, 71.120 kilogr. à 35 francs les 1.000 kilogr.........	2.489	20
—	Pailles de colza, 2.500 kilogr. à 35 francs les 1.000 kilogr.	87	50
—	Pâturages.............	172	»
—	Avoine en grains, 1.939 kilogr. à 20 francs les 100 kilogr.	387	80
—	Tourteaux, 1.350 kilogr. à 15 fr. les 1.000 kil..	202	50
—	Farines diverses, 538 kilogr. à 30 fr. les 100 kil.	161	40
Gages et nourriture des bouviers.....		3.203	32
Bouviers supplémentaires............		108	45
Achat à la vacherie de 8 bœufs pesant 2.770 kilogr. à 70 fr. les 100 kilogr..		1.939	»
Achat d'un jeune bœuf de 18 mois....		235	»
Achat de 12 paniers à nez.............		7	»
Ferrage et entretien des équipages, éclairage, vétérinaire...............		1.959	50
Intérêts à 5 pour 100 sur 11.489 fr. 40, capital vivant et mobilier...........		574	47
	TOTAL............	29.421	93

AVOIR :

PRODUITS *du 1er mars* 1868 *au* 28 *février* 1869.

	Fr. c.
Fumier, 284.435 kilogr, à 6 fr, 50 les 1.000 kilogr.	1.848 82
JOURNÉES DE TRAVAIL, 4.987 à 3 fr.	14.961 »
Travaux divers faits par les bouviers..	85 26
Il existe au 1er mars 1869 31 têtes, pesant 15.930 kilogr., estimées	11.165 »
Valeur du mobilier et des outils des écuries	1.002 15
TOTAL	29.062 23

Dépenses	29.421fr.93
Produits	29.062 23
PERTE	359fr.70

La perte de 359 fr. 70 étant répartie sur 284.435 kilogr. de fumier par les bœufs dans un an, donne par 1.000 kilogr. de fumier une augmentation de................ 1 fr.26 p. 1,000 kil.

Prix fixé par arbitrage dans le compte...................... 6 50 —

Prix réel de 1.000 kilogr. de umier de bœuf.............. 7 fr.76 —

Que dit ce compte? Que pendant les 4.987 journées de travail qui y figurent, on a dépensé 14.961 fr., ce que l'on balance en fixant la journée de travail à 3 fr. Le fait est inexact. La vérité, c'est que pour 11.315 journées que comprend l'exercice, on a dépensé 17.167 fr. 33, ce qui fixe les frais de toute nature pour une journée, et partant le prix du travail pour le même temps, à 1 fr. 517. Avec cette rectification, le fumier ressort à 33 fr. 80 la tonne, et le compte devient :

DOIT :	Fr.	c.
Valeur des animaux	10.093	»
Mobilier	870	40
Frais de nourriture	12.612	79
Frais d'entretien	1.959	50
Gages des bouviers	3.311	77
Intérêts des capitaux à 5 pour 100 pour 10.280 fr	574	47
	29.421	93

AVOIR :		
Valeur des animaux	11.165	»
Mobiliers	1.002	15
Travaux divers par les bouviers	85	26
4.987 journées de travail à 1 fr. 517 l'une	7.565	28
284 tonnes de fumier, pour balance	9.604	24
	29.421	93

$\frac{9.604 \text{ fr. } 05}{284 \text{ T}}$ = 33 fr. 85, prix de la tonne de fumier.

D'où il suit qu'à la ferme de Saint-Denis, qui possède comme annexe une distillerie, un moulin à huile et un moulin à farine, de façon à n'exporter que de l'alcool, de l'huile, de la laine, de la viande et de la farine, tous les déchets des récoltes faisant retour à la terre, le prix du fumier est de :

Les 1.000 kilogr.	8 fr. 80	pour les porcs.
—	12 61	— vaches.
—	25 99	— moutons.
—	32 59	— chevaux.
—	33 81	— bœufs,
Soit en moyenne	22 fr. 76	

Quelle conclusion devons-nous tirer de ces résultats ? M. Autier s'est chargé de la formuler dans la lettre qui accompagnait ses comptes. Il me disait :

« Quoique je compte au bas prix tous les objets consommés, et bien que la main-d'œuvre ne soit pas chère ici, mon fumier me coûte un prix très-élevé, je dirais même ruineux, si je devais entretenir des bestiaux en assez grand nombre pour produire l'équivalent de tous les engrais que j'emploie. »

Voilà donc où mène la formule tant vantée : prairie, fumier, céréales. Demandez-vous ce que coûte le froment à celui qui emploie du fumier à 20 ou 25 fr. les 1.000 kilogr., et alors la cause principale des insuccès agricoles vous apparaîtra avec la dernière évidence, quoique toujours niée ou méconnue.

Mais il faut épuiser la question. Supposons donc que mes critiques n'aient aucun fondement, et que l'économie des comptes de M. Autier soit irréprochable. En serez-vous plus avancé? Non, car je vous l'ai annoncé : si l'on conserve les affectations attribuées aux journées de travail, on trouve :

Pour les bœufs.........	14.961 fr.
Pour les chevaux.......	14.706
TOTAL.....	29.667 fr.

pour 196 hectares de terres labourées, ce qui porte les frais d'attelage à 151 fr. 31 par hectare. Mathieu de Dombasles les fixait à 43 francs! N'est-ce la condamnation du travail par les animaux, et, sous une forme indirecte, la condamnation du fumier lui-même, *dans les conditions où M. Autier le produit* (1).

(1) Je souligne pour éviter les équivoques.

La conclusion est forcée : c'est la substitution du travail par la vapeur au travail des animaux ou celles des engrais chimiques au fumier.

Il n'y a pas moyen de sortir de ce dilemme.

Lorsque j'ai dit, il y a deux ans, que le prix de 27 fr. 17, auquel le fumier revenait à la ferme du Thier-Garten, était plus fréquent qu'on ne pensait, si le nom du vénéré M. Schattenmann n'avait couvert mon assertion, nul doute qu'on ne l'eût taxée d'exagération, si tant est qu'on ait consenti à y avoir égard. Voici pourtant d'autres comptes qui accusent un prix plus élevé encore. Je me bornerai à tirer de ces nouveaux documents une seule conclusion: c'est que rien n'est dangereux comme de vouloir improviser des cultures fourragères. La ferme de Saint-Denis est une création récente, provenant d'un défrichement de bois. Dans de semblables conditions, un trop nombreux bétail est une cause incalculable de dépense. Pour peu que les fourrages viennent à manquer, on est pris au dépourvu; privé de réserve, il faut vendre les animaux à vil prix, ou payer le fourrage et la paille des taux excessifs. Le fumier et le travail des attelages ressortent alors à des prix que la culture ne peut couvrir, et la viande coûte plus qu'on ne la vend.

Que l'on renverse l'ordre de succession préconisé jusqu'ici; qu'on prenne pour point de départ une importation d'engrais, bornant au début les animaux au strict nécessaire pour le travail de la ferme; qu'on attende de s'être créé des réserves de paille et de foin, oh! alors, le bétail peut intervenir avec avantage. Mais encore ne faut-il l'accroître qu'avec circonspection, ne jamais dépasser les ressources en fourrage dont on dispose, au contraire se tenir au-dessous.

Seriez-vous tenté de croire que l'exemple de M. Autier est une exception, mais la concordance de ses déclarations avec celles de M. Caillet, de M. Schattenmann et de M. Cavallier, prouve le contraire. Au surplus, j'invite mes contradicteurs à revoir leurs propres comptes et à en bannir rigoureusement toutes les affectations arbitraires ou dissimulées.

Je connais en Normandie trois exploitations modèles, représentant chacune de 1 à 2 millions au moins; les bâtiments y sont splendides, admirablement disposés; chaque ferme possède une distillerie sortie des ateliers de la maison Cail. Quel est le résultat financier? J'espère pouvoir un jour vous le dire.

Les trois propriétaires, qui occupent un rang élevé dans l'industrie, et dont la fortune est assez bien assise pour qu'on puisse faire l'histoire et le compte des vicissitudes que leurs créations ont traversées, n'ont commis qu'une seule faute. Ils se sont dit qu'en affectant de vastes espaces à la culture de la betterave, ils auraient beaucoup de pulpe et partant beaucoup de fumier à bas prix, ce qui permettrait de porter les rendements de toutes les récoltes à la limite la plus élevée. En fait, qu'est-il advenu? Les premières récoltes de betteraves ont été faibles; les animaux, assez médiocrement nourris, ont donné de la perte. La paille faisant défaut, il a fallu employer la bruyère comme litière. Le fumier étant de mauvaise qualité a produit peu d'effet et coûtait fort cher. — Voilà où mène la production du bétail, lorsqu'on veut en faire le levier exclusif et primordial de la mise en valeur du sol.

Concluons. — S'agit-il de fixer le prix du fumier, je ne puis que répéter ce que j'ai dit en 1867 :

« Il faut ouvrir aux écuries un compte à part, le créditer de tout ce qui est une source de valeur réelle, lait, beurre, animaux vendus, accroissement de poids acquis par les animaux conservés, travail estimé par la ration et les frais d'entretien : débiter ce compte de l'intérêt du capital représenté par les animaux, les bâtiments, les réserves de nourriture, les dépenses d'entretien, d'attelage et de personnel, et du prix de la nourriture, cotée au prix du cours, déduction faite d'une bonification de 10 à 15 pour 100 pour compenser les frais de transport dont elle a été exonérée. Un compte établi d'après ces données se balance toujours en perte, mais la perte a pour contre-valeur le fumier, dont elle fixe le prix de revient. »

A quoi j'ajoute aujourd'hui, éclairé par un très-grand nombre de faits, que le prix moyen de 15 fr. la tonne, que j'avais admis alors, est certainement de 4 à 5 fr. au-dessous de la vérité.

Je puis en fournir une nouvelle preuve.

Que de fois ne m'a-t-on pas répondu, lorsque je parlais du haut prix de fumier : Le fumier? mais on s'en procure tant qu'on veut à 4 fr. la tonne, et d'énumérer avec complaisance les ressources que les grandes villes nous offrent sous ce rapport. M. Dailly va se charger de réduire cet argument à sa juste valeur (1).

D'après lui, le fumier payé à Paris 7 fr. 31 les 1.000 kilogr., revient en gare à Chartres à 12 fr. 90, dont voici le décompte:

1° Les 1.000 kilogr. de fumier dans la cour du dépôt des Ternes................	7 fr. 31
2° Transport des Ternes à la gare des Batignolles..........................	2 21
3° Transport des Batignolles à Chartres...	3 38
Total..........	12 fr. 90

et à Trappes, près de Versailles, à 13 fr. 18 :

Les 1.000 kil. de fumier à Paris...........		7 fr. 83
Chargement.................	0 fr. 40	2 80
Transport à Batignolles.......	2 »	
Chargement du wagon........	0 40	
Transport des Batignolles à Trappes......		2 25
Chargement sur voiture...............		0 30
Total...........		13 fr. 18

(1) Rapport sur les *Engrais chimiques*, par M. A. Dailly, à la Société d'agr. de Seine-et-Oise, pp. 7 et 9.

13 fr. à la gare d'arrivée. Pour avoir le prix réel, il faut ajouter encore la dépense pour le transport à destination, qui ne doit pas être inférieure à 2 fr. par tonne, puisque c'est là le taux fixé pour aller seulement du dépôt de Paris à la gare des Batignolles.

Vous voyez ce que deviennent devant la froide réalité les appréciations en l'air qu'on nous oppose. Comme dernier argument je convierai ceux qui douteraient encore à refaire leur compte, m'en remettant à leur conclusion, bien convaincu qu'elle fortifiera celle que je viens moi-même de formuler.

III.

LE SYSTÈME AGRICOLE QUI DOIT PRÉVALOIR.

Le système agricole qui doit prévaloir par la force des choses est celui que la doctrine des engrais chimiques préconise. Un mot le résume : Tendre à la culture intensive par une importation permanente d'engrais, régler la part faite au bétail sur le bénéfice qu'il procure, et rompre avec la prétendue nécessité de produire du fumier *quand même et à n'importe quel prix.*

A la formule : *prairie , bétail , céréales,* la doctrine des engrais chimiques oppose la formule nouvelle : *importation d'engrais, pour avoir des céréales, de la paille, du bétail et du fumier.*

Là, le bétail est le point de départ obligé, et la clef de voûte de tout le système. Ici, il en est le couronnement. Le bétail n'a ni plus ni moins d'importance que les autres produits de la ferme : on en règle l'élève sur les bénéfices qu'il procure, et si, au lieu de profit, il donne de la perte, on le réduit au strict nécessaire pour assurer les labours et la consommation de la partie des récoltes qui ne peut être vendue.

Le bétail est-il insuffisant pour fumer convenablement la terre, on a recours à une importation d'engrais, et d'engrais chimiques de préférence à tous les autres, parce qu'ils sont les plus économiques d'abord et qu'avec eux on sait ce que l'on emploie, et qu'on donne à chaque nature de plante, à la dose voulue, les éléments dont elle a besoin.

Est-ce assez clair ?

Dans le passé, la prairie avait pour destination de compenser les pertes que l'exportation des denrées destinées au marché, et notamment les céréales, faisaient éprouver à la terre ; nous, au contraire, nous demandons une partie des éléments de cette restitution à une importation d'engrais étrangers au domaine.

Le contraste est donc complet.

Remarquez, je vous prie, qu'il ne s'agit pas de science ici, mais de pratique au premier chef. Dans l'ancien système, la moyenne et la petite culture étaient de véritables fléaux, parce qu'elles produisent sans fumer la terre.

Dans le système des engrais chimiques, la moyenne et la petite culture peuvent fumer à l'égal de la grande, sur laquelle elles l'emportent par la préparation plus soignée du sol.

Or, pour la France, où la petite propriété possède 21 millions d'hectares, c'est là un fait considérable.

Avec l'emploi exclusif du fumier, le moindre progrès exige une avance de 300 à 400 fr. par hectare, sur lesquels 150 à 200 fr., au moins, sont immobilisés en constructions.

Avec les engrais chimiques, une avance de 150 fr. par hectare permet d'atteindre, sans délai, les rendements de la culture intensive, et, dès la première année, l'opération se solde en bénéfice.

Dans la culture par le fumier, on est enchaîné par la dépendance réciproque du bétail et de la culture. Avec les engrais chimiques, à part les exigences qui naissent de la préparation du sol, on peut spéculer indifféremment sur la vente des fourrages, l'engraissement ou l'élève du bétail. A la condition de rendre à la terre plus d'acide phosphorique, de potasse, de chaux et d'azote qu'on ne lui en a pris, on jouit d'une liberté entière. Qu'importe aux végétaux que l'acide phosphorique réclamé par leur organisation ait pour origine les déjections des animaux, l'ossature d'un durham de race pure, l'apatite de l'Estramadure, la phosphorite de Nassau, ou les nodules des Ardennes? Rendu soluble, assimilable par les plantes, son action n'est-elle pas toujours la même, indépendante de la question d'origine?

Que la potasse vienne de l'urine humaine, des salines de Stassfurt, des granits de la Bretagne ou des eaux de la mer, si on l'offre aux plantes à l'état de nitrate, de carbonate ou de silicate, ses effets n'auront-ils pas pour unique régulateur la forme et le degré de richesse des produits?

Admettez-vous une seule minute que l'azote, à l'état de nitrate de potasse ou de nitrate de soude, agisse différemment, parce qu'on l'aura tiré du Pérou, de l'empire des Birmans ou d'une fabrique de salpêtre ou des trappes à miracles de l'agence de M. Rohart?

Non. Vous direz que l'origine n'y fait rien; que c'est le degré de richesse, la forme, le degré de solubilité de ces quatre agents, source et condition primordiale de la vie végétale, qui en règlent les effets.

Eh bien, qu'importe alors que la restitution ait lieu à l'état de fumier ou d'engrais chimique, si une expérience suffisamment étendue vous a appris qu'à richesse égale les engrais chimiques l'emportent sur le fumier, et si, observateur scrupuleux de la loi de restitution totale, vous rendez à la terre plus qu'elle n'a perdu?

Me direz-vous enfin que, depuis une vingtaine d'années, le prix de la viande tend à monter, et que les meilleurs esprits inclinent à penser que si, avec une demi-tête de gros bétail par hectare, on pouvait sans surcroît de cheptel porter les rendements à 30 ou 35 hectolitres pour le froment, à 50 ou 60.000 kilogr. pour les betteraves, à des conditions rémunératrices, l'industrie agricole serait bien près de son apogée?

Sans me faire juge de cette opinion, je vous ferai observer que qui peut le plus peut le moins : associez les engrais chimiques au fumier, en suivant les règles que j'ai tracées dans le cinquième et le sixième entretien de 1867, et l'idéal de vos rêves sera devenu un fait accompli.

Donnez, à tour de rôle, pour auxiliaire au fumier, à l'état d'engrais chimique, la *dominante* de chaque plante, et vous obtiendrez deux effets immédiats.

Toutes les récoltes atteindront leur limite la plus élevée.

On pourra réduire la prairie de moitié ou au moins d'un tiers, au profit des cultures d'exportation.

Dans ces conditions nouvelles, deux règles résument tout l'art agricole :

1° Observer avec rigueur la loi de restitution totale, et fumer la prairie;

2° Régler la composition des engrais complémentaires sur le principe des *dominantes.*

Je n'insiste pas. Ces expressions ont maintenant pour vous un sens net et bien défini.

S'il est vrai que l'efficacité des engrais chimiques est la même que celle du fumier, — vous savez qu'elle est supérieure ; — si leur prix est égal, — vous savez qu'il est moindre ; — l'emploi de ces agents nouveaux, conçu et pratiqué comme je viens de l'indiquer, doit entraîner la transformation de notre régime agricole.

Depuis trois ans, cette transformation s'affirme avec un élan irrésistible. M. Lecouteux ne s'y était pas trompé. Le jour où il s'est mis face à face avec la doctrine des engrais chimiques, il l'avait pressentie et annoncée :

Lorsqu'on n'a recours qu'au fumier de ferme, disait-il, — le progrès est lent sur les terres qui produisent de 8 à 15 hectolitres de blé par hectare. Il y a des années que les cultivateurs y suent sang et eau, et ces cultivateurs ont appris à leurs dépens que l'agriculture par le fumier n'est et ne peut être qu'une entreprise de longue haleine.

Si donc la doctrine des engrais chimiques doit entraîner les conséquences annoncées par M. Ville ; si cette doctrine permet l'improvisation des récoltes maxima sur les terres jusque-là les plus déshéritées ; si elle se prête à une agriculture qui arrive aux fourrages par les céréales et les plantes industrielles, au lieu d'arriver aux céréales et aux plantes industrielles par les fourrages, comme l'ont toujours conseillé les maîtres le plus en estime, il faut en convenir, UNE IMMENSE RÉVOLUTION AGRICOLE, LA PLUS GRANDE QUI AIT JAMAIS ÉTÉ PRÊCHÉE, EST A LA VEILLE DE SE PRODUIRE, ET IL FAUT L'APPELER DE TOUS NOS VŒUX (1). »

A quelle époque M. Lecouteux a-t-il tenu ce langage? Le 30 janvier 1868. Un an et demi s'est à peine écoulé, et voyez comme la question a marché! Qui oserait affirmer aujourd'hui l'impossibilité de remplacer le fumier par des engrais d'une origine étrangère à la ferme? Qui tenterait de nier la possibilité d'obtenir des récoltes rémunératrices sur des terres de qualité inférieure, à l'aide d'une fumure purement chimique? Qui pourrait soutenir qu'il est plus avantageux de recourir à un accroissement de bétail qu'à une importation d'engrais, lorsqu'il s'agit de faire passer à bref délai le régime d'un rendement de 20 hectolitres de froment à celui de 30 hectolitres par hectare?

Pour mettre dans tout son jour la supériorité de la nouvelle méthode, j'ai cité deux exploitations célèbres où l'emploi exclusif du fumier n'a donné que des résultats médiocres ou contestés : la ferme de Bechelbronn et de l'institut de Grignon.

(1) *Journal d'Agriculture pratique*, 1868. tome I, p. 131.

A ma grande surprise, ce choix n'a pas eu l'heureuse fortune de rallier dans le monde agricole l'unanimité des suffrages: on m'a objecté que la période de l'histoire de Bechelbronn dont j'invoquais le témoignage était maintenant bien éloignée, et que, si l'honorable M. Boussingault était un savant d'un mérite incontesté, son autorité comme agriculteur ne pouvait être acceptée sans réserve.

L'exemple de Grignon n'a pas été trouvé plus heureux : pour justifier son insuccès, on s'est prévalu des charges que l'enseignement de l'école imposait à l'exploitation.

Grâce à ces deux réserves, on a continué à défendre la suprématie de la culture par le bétail et par le fumier. On soutient, mais sans compte à l'appui, il est vrai, la possibilité d'obtenir à son aide des résultats financiers éclatants et des rendements intensifs. Qu'y a-t-il de vrai dans des prétentions si hautaines? Un parti pris né d'une longue habitude ou un invincible aveuglement.

La chambre consultative d'agriculture de Cambrai a eu l'heureuse pensée de dresser, pour la grande enquête, le bilan d'une exploitation de 100 hectares, persuadée avec juste raison que c'était le seul moyen de donner une idée exacte de l'agriculture du pays.

Or elle est arrivée à ce résultat que, dans une telle exploitation, les avances s'élèvent, année moyenne, à 74.581 fr., et les recettes à 77.733 fr., soit un bénéfice net de 3.152 fr. !

La question qui nous occupe en ce moment est trop grave pour nous borner à ces indications ; il faut en citer le détail.

Voici donc les éléments de cette déclaration capitale :

DÉPENSES ANNUELLES D'UNE FERME DE CENT HECTARES.

	Fr.
Ferme, 600 fr. par hectare : 60.000 fr. à 5 pour 100	3.000
Réparations et entretien de la ferme	1.000
Mobilier, 400 fr. par hectare : 40.000 fr. à 5 pour 100	2.000
Fonds de roulement : 40.000 fr. à 5 p. 100.	2.000
Loyer des terres, deuxième classe : 125 fr. par hectare	12.500
Pot de vin : 1/9 du loyer	1.389
Contributions de la ferme et des terres.	1.500
Valets de ferme : 5 à 700 fr. par an	3.500
Garçon de cour	700
Berger	1.000
Servante de ferme et un aide	800
Chevaux : 20 à 1 fr. 75 par jour	12.775
Vaches : 30 à 1 fr. 25 par jour	13.687
Moutons : 150 à 0 fr. 08 par jour	4.380
Semences : 25 fr. par hectare en moyenne.	2.500
Sarclages : 20 fr. — —	2.000
Frais de récoltes : 30 fr. —	3.000
Frais de battage : 15 fr. —	1.500
Engrais artificiels. — —	1.000
Fumier de ferme, 9.000 fr. : valeur des pailles	» »
Assurance des bâtiments et de la récolte.	250
Entretien du mobilier, 10 pour 100	4.000
Frais du bail, 1/9	100
	74.581

RECETTES ANNUELLES D'UNE FERME DE CENT HECTARES.

Nombre d'hectares.		Fr.
34	Blé. 21h.50 par hectare, à 20 fr. 35 l'hectol	14.875
	4.000 kilogr. de paille par hectare, à 4 fr. les 100 kilogr...	5.440
3	Seigle. 20 hectol. par hectare, à 12 fr. l'hect...............	720
	3.500 kilogr. de paille par hectare à 5 fr. les 100 kil.	525
8	Orge. 45 hectol. par hectare, à 12 fr. l'hectol	4.320
	3.200 kilogr. de paille par hectare, à 2 fr. 50 les 100 kil.	640
11	Avoine. 55 hectol. par hectare, à 7 fr. 86 l'hectol........	4.755
	3.200 kilogr. de paille par hectare, à 3 fr. les 100 kil.	1.056
9	Betteraves. 40.000 hectol. par hectare, à 19 fr. les 100 kil.	6.840
9	Colza. 18 hectol. par hectare, à 28 fr. l'hectol	4.536
	Paille. 45 fr. à l'hectare......	405
2	Lin vendu sur pied, 1.000 fr. l'hectare	2.000
18	Prairies artificielles, 5.200 kilogr. à l'hectare, à 6 fr. les 100 kilogr...	5,616
4	Hivernages fixes, 6.500 kilogr. à l'hectare, à 6 fr. les 100 kilogr........	1.560
2	Pommes de terre, 120 kilogr. à l'hect., à 6 fr. l'hectol...........	1.440
	Vaches, veaux, lait, beurre, fromage.	16.425
	Moutons	5.380
	Porcs nourris avec grains perdus, volailles........................	1.200
	Fumier de ferme pour mémoire...	»
100	Total des recettes	77.733
	Dépenses..............	74.581
	PROFIT	3.152

Vous le voyez, dans un des départements

les mieux cultivés de France, où la terre se loue à raison de 100 à 150 fr. par hectare, avec le fumier de ferme tout seul, le rendement du froment ne dépasse pas 21 hectolitres, et celui de la betterave 40.000 kilogr. par hectare, ce qui explique la pauvreté du résultat financier.

Pour changer cette situation et porter le rendement du froment à 30 hectolitres et celui de la betterave à 60.000 kilogr., quel parti prendre? Accroître le bétail? Etendre la part des cultures fourragères ? Mais pour cela il faut une nouvelle avance d'au moins 400 fr. par hectare, soit 40.000 fr. Or, avec ce surcroît de capital, s'il est possible (et j'en doute) d'atteindre les rendements prescrits, j'affirme que le bénéfice net ne sera pas accru. Essayez d'établir ce qu'il en coûte de porter l'élève du bétail au-delà d'une certaine limite, et vous reconnaîtrez que le fumier revient à un prix ruineux.

Changez la solution, ayez recours à une importation d'engrais. L'avance qu'il faut faire à la terre n'est plus de 400 fr., mais de 120 à 150 fr. par hectare, soit 12.000 à 15.000 fr. pour la totalité du domaine. Les rendements atteignent dès la première année la limite voulue, mais cette fois le surcroît de récolte se traduit par un surcroît de bénéfice au moins égal à l'importance de l'avance faite à la terre en engrais supplémentaire. Vous voudriez en vain le nier, la conclusion est forcée ; les nouveaux procédés sont plus sûrs, plus rapides, plus économiques et plus rémunérateurs que les anciens. Enfin, là où l'élève du bétail peut présenter des avantages, la doctrine des engrais chimiques a une formule toute prête : Fumez la prairie et les plantes fourragères, afin d'obtenir le maximum de viande et de fumier sur une surface donnée. A ce point de vue, les engrais chimiques ne présentent pas moins d'avantage que pour la production des céréales et des cultures industrielles. « Jusqu'à présent, dit l'honorable M. Gallois, président du comice agricole de Thionville, on regardait parmi nous comme une des plus grandes difficultés à surmonter la *création prompte* de prairies artificielles ; aujourd'hui il semble à notre comice que l'application des engrais chimiques doit faire arriver à la solution de cette grave question et faciliter aux cultivateurs le moyen de se créer rapidement beaucoup de fourrages, pour un meilleur élevage du bétail et, par suite, beaucoup de bon fumier d'étable pour une meilleure culture de céréales. »

Si les cinq cents résultats dont je puis invoquer le témoignage n'avaient pas le don de vous convaincre, parce que ce sont pour la plupart des tentatives isolées, pesez l'importance de ces déclarations fondées sur les résultats obtenus depuis plusieurs années dans des exploitations de premier ordre.

M. Autier, qui dirige avec une rare distinction la ferme de Saint-Denis, près de Lechesne, dans les Ardennes (196 hectares), m'écrivait à la date du 13 février dernier :

Ma ferme est soumise à l'assolement suivant :

Betterave. — 50.000 kilogr. de fumier — Blé. Trèfle. — Avoine. — Foins annuels.

Colza. — 30.000 kilogr. de fumier.

Blé.

Avec ces 80,000 kilogr. de fumier répartis sur une période de sept années, j'ai obtenu jusqu'ici :

17 à 20 hectol. de blé par hectare.

30 à 35 hectol. d'avoine.

16 à 17 hectol. de colza.

Avec une dépense supplémentaire de 100 fr. d'engrais chimique par hectare, ma récolte s'est élevée cette année :

	Hectol.
Sur 60 hectares de blé, à......	30.72
Sur 23 hectares d'avoine, à....	44.88
Sur 11 hectares de colza, à.....	24.67

... Les terres qui avoisinent ma ferme sont riches et d'une valeur au moins double des miennes, mais on n'y emploie nulle part d'engrais chimiques. Les résultats que j'obtiens à leur aide dépassent les leurs de plus de 30 pour 100.

Vous le voyez. Ici tout est net et précis, la surface, le produit et le bénéfice, et la déclaration a d'autant plus de portée que son auteur, M. Autier, attribuait alors au fumier une valeur inférieure à son prix de revient.

Sous la pression de résultats analogues,

M. Debains, ingénieur civil, devenu cultivateur à Saint-Rémi, dans le département de Seine-et-Oise, n'est pas moins explicite :

Aux fermiers de la Beauce qui cultivent de vastes espaces fumés avec parcimonie, il dit : « Concentrez votre fumier sur la moitié de vos terres ; — pour les autres : Ayez recours aux engrais chimiques, et vous doublerez vos produits. »

Aux fermiers du Nord, dont le bétail est souvent hors de proportion avec leur moyen de production : « Réduisez votre bétail ; associez les engrais chimiques au fumier. Vous n'augmenterez peut-être pas vos récoltes, votre agriculture étant florissante ; mais vous diminuerez votre fonds de roulement et les chances de perte auxquelles vous expose la mortalité de vos animaux. »

M. Belin, l'un des représentants les plus autorisés et les plus considérables du département de Seine-et-Marne, conclut dans le même sens, comme l'avaient fait déjà MM. Lavaux, Cavallier, Denoyon, Leroy de Varennes, etc.

Enfin le doyen de l'agriculture française, par l'âge, le savoir et la notoriété, le vénéré M. Schattenmann, dont une mort récente vient, hélas ! de nous séparer, éclairé par trois années consécutives d'expériences, s'est cru obligé de faire aux agriculteurs de son temps cette grave et solennelle déclaration : « Il est dans la logique des choses d'admettre que les engrais chimiques que l'on trouvera en abondance, d'après les indications de M. Ville (tandis qu'on n'a jamais pu se procurer le fumier d'étable que dans une certaine mesure), conduiront nécessairement à la culture intensive... » « J'irai même plus « loin, en disant que si les engrais chimi- « ques réalisent ce qu'ils semblent pro- « mettre, la production du blé, qui est au- « jourd'hui en équilibre avec la consom- « mation, sauf les bonnes ou mauvaises « récoltes, l'excédera. Ce cas, facile à pré- « voir, aura pour résultat cette réaction, « que l'on cultivera moins de blé et qu'on « emploiera les terres disponibles pour « nourrir et élever du bétail. LE SYSTÈME « DE M. VILLE ET LES ENGRAIS CHIMIQUES « NE SONT DONC PAS OPPOSÉS A LA PRO- « DUCTION DU BÉTAIL, QU'ILS FAVORISENT « TOUT AU CONTRAIRE. »

« Si Thaër, Schuertz, Sinclair, Arthur Yung, Gasparin, qui étaient des hommes de progrès de leur temps, vivaient aujourd'hui, ils le seraient encore, et applaudiraient à la nouvelle ressource considérable qu'offrent les engrais chimiques, et leurs mânes, loin d'être blessés des vues exposées par M. G. Ville, doivent au contraire s'en réjouir. »

« NE CRAIGNONS DONC PAS DE LE DIRE, LA « FRANCE DOIT AVOIR HATE DE S'APPROPRIER « DANS LES LIMITES DU POSSIBLE L'USAGE DES « ENGRAIS CHIMIQUES, AFIN D'ÊTRE EN SITUA- « TION DE POURVOIR A SES PROPRES BESOINS

« ET DE NE PAS ÊTRE DEVANCÉE PAR LES « AUTRES NATIONS ! »

Après un tel concours de témoignages, ne sommes-nous pas autorisés à dire : Trêve de discussion ; la cause est entendue.

V.

LA DOCTRINE DES ENGRAIS CHIMIQUES.

Si nous passons des intérêts de la pratique à la doctrine des engrais chimiques considérée sous le rapport scientifique, nous trouvons que la question a marché d'un pas plus rapide encore. Sur les questions pratiques, beaucoup de bons esprits, faute de notions suffisantes, conservent encore des doutes ; ici ils ont complétement cessé. Pour le prouver il me suffira de rappeler une à une les quatre ou cinq propositions dans lesquelles la doctrine des engrais chimiques se résout :

1° *L'engrais chimique complet participe des propriétés fertilisantes du fumier, dont il contient toute la partie active, et auquel il est supérieur par les rendements qu'il détermine.*

Après les résultats aujourd'hui connus, cette proposition est-elle contestable ?

2° *Principe des forces collectives : L'action de chacune des quatre substances dont l'engrais complet se compose (phosphate de chaux, potasse, chaux, matière azotée) exige, pour se manifester, le concours des trois autres.*

Qui serait tenté d'élever la voix pour mettre en doute la vérité de cette deuxième proposition?

3° *Principe des dominantes. Chacun des quatre termes de l'engrais complet remplit une fonction subordonnée ou prépondérante à l'égard des trois autres, suivant la nature des plantes.*

Une objection est-elle possible sur ce point?

4° *Analyse du sol par la culture.*

Sont-ils assez nombreux les exemples qui ont démontré la sûreté de la nouvelle méthode?

Si, contre toute attente, de nouveaux doutes devaient se produire, je trouverais sans peine, dans les faits mis en circulation par l'initiative privée, de quoi les réduire à néant. Que pourrait-on raisonnablement objecter à ces observations?

Sur une lande inculte, choisie dans l'une des parties les plus pauvres de la Bretagne, et défrichée tout exprès, on a institué deux cultures parallèles de sarrasin et de froment. On a obtenu :

RENDEMENT A L'HECTARE.

	ENGRAIS CHIMIQUE.	FUMIER DE FERME.
Sarrasin.....	33 hectol.	19 hectol.
Froment....	20 —	16 —

L'engrais chimique l'emporte sur le fumier.

Sur la terre sans aucun engrais, quel a été le résultat? Absolument nul, pas de récolte. Qui oserait dire alors que la récolte obtenue avec l'engrais chimique vient des éléments naturels du sol?

Mais ce n'est pas tout.

On sait que la suppression d'un seul des quatre termes de l'engrais chimique réduit souvent l'effet de tous les autres au point de l'annuler complétement. On a répété l'expérience dans ces nouvelles conditions :

On a supprimé le phosphate de chaux: pas de récolte;

On a employé la matière azotée seule: pas de récolte;

Sur la terre sans engrais: pas de récolte;

AVEC TOUS LES ÉLÉMENTS RÉUNIS : RÉCOLTE ABODNANTE !

A qui sommes-nous redevables de cette série si complète et si concluante d'expériences? A l'un des représentants les plus considérables et les plus respectés de l'agriculture française, qui fut l'élève avant de devenir l'émule et le continuateur de Mathieu de Dombasles, à l'honorable M. Rieffel, directeur de la ferme régionale de Grand-Jouan!

Aussi l'opinion publique ne s'y est pas trompée. Elle a vu nettement les intérêts assez pauvres qui se cachent derrière les clameurs dont on nous assourdit, et dans son impartialité, elle a su en faire promptement justice. Ecoutez plutôt :

La grande question de la nutrition agricole, qui jusqu'ici n'avait pu se dégager des controverses vagues et pédantesques des praticiens, se trouve désormais portée à la hauteur d'une loi scientifique.

Il n'y a donc que des paroles vides de sens et qui ne peuvent être adressées qu'à des personnes qui n'ont pas étudié et compris l'œuvre de M. Georges Ville, dans les affirmations marquées au coin de l'ignorance et de la mauvaise foi qu'on lui oppose sur les conséquences de la nouvelle doctrine agricole. A quelles assertions les plus risquées n'est pas tous les jours en butte cet infatigable travailleur! Pour les uns, c'est à Liebig, pour les autres à M. Boussingault que M. Georges Ville a tout pris.

Certains prétendent qu'il faut 400 fr. par hectare pour suivre le système des engrais chimiques. Ici l'on vous dit que le fumier doit être supprimé; là, que notre climat du Sud-Ouest est un obstacle radical à l'emploi des engrais ; un marchand d'engrais vous assure que le système de M. Ville *éreinte* les terres, MAIS IL VOUS PROPOSE L'OBJET DE SA FABRICATION.

Quant aux preuves, on n'en donne aucune: il faudrait discuter *scientifiquement;* la plupart s'en gardent, et pour cause. Mais n'est-il pas triste que ceux qui n'ont pas l'ignorance pour excuse se fassent si légèrement les instruments d'une critique si peu sérieuse, et que ce soit de leur côté que cette parole de Voltaire trouve son application : « Notre misérable espèce est tellement faite, que ceux qui marchent dans le chemin battu jettent toujours des pierres à ceux qui enseignent un chemin nouveau. » (Théophile PETIT, *Revue agricole du Midi*, n° 106.)

V.

FIXATION DU PRIX DES ENGRAIS.

Sur ce point, la doctrine des engrais chimiques a fait aussi son œuvre de lumière et de progrès : prix usuraires, dissimulation de titres, promesses fallacieuses doivent cesser. Nous possédons maintenant un étalon pour fixer avec certitude le prix des engrais. La pratique le sait et le dit :

« Une des grandes conséquences de la théorie nouvelle, c'est la facilité qu'elle nous donne pour apprécier la valeur d'un engrais quelconque, *animal, végétal, minéral, mixte*, et même celle du fumier.

« Toute la question se réduit à fixer, d'après le cours des engrais chimiques, le prix du phosphate de chaux, de la potasse et de la matière azotée qu'un engrais contient. » (*Revue agricole du Midi*, 16 mai 1869.)

Il est impossible de mieux dire; cette règle suffit, en effet, à tous les besoins et répond à toutes les éventualités.

Avant d'acheter un engrais, il faut poser au marchand ces deux questions :

1° Combien y a-t-il d'acide phosphorique, de potasse, de chaux et d'azote?

2° Sous quelle forme chacun de ces produits y est-il contenu?

La seconde question est le complément obligé de la première. La première n'a de valeur que par la seconde.

Insistons sur ce point capital pour la pratique.

On trouve aujourd'hui dans le commerce le phosphate de chaux à cinq ou six états différents : apatite de l'Estramadure, phosphorite de Nassau, poudre d'os, phosphate précipité des fabriques de gélatine, nodules des Ardennes, etc.; j'omets à dessein le phosphate acide ou superphosphate de chaux. J'y reviendrai dans un moment.

Supposons que l'on déclare dans un engrais 6 pour 100 d'acide phosphorique sans autre explication : dans ces termes, cette déclaration n'a pas de valeur.

L'apatite est une roche d'origine ignée, dont la texture est si compacte, qu'introduite dans le sol elle n'y éprouve aucun changement. Insoluble dans l'eau, les végétaux ne peuvent l'absorber. Elle contient beaucoup d'acide phosphorique, mais à l'état inactif et latent, sa présence dans les engrais est donc une lettre morte, une non-valeur.

La phosphorite de Nassau ne vaut guère mieux.

Les nodules des Ardennes contiennent de 50 à 60 pour 100 de matières inertes, parmi lesquelles figure l'alumine, qui forme avec l'acide phosphorique des composés insolubles, sans valeur pour la végétation. A l'état de poudre fine, les nodules ont cependant une action certaine; une partie de l'acide phosphorique est absorbée par les plantes, mais une autre partie, qu'il est impossible d'indiquer *a priori*, parce qu'elle dépend de la fraction variable et non définie d'acide phosphorique combiné avec l'alumine, est encore une non-valeur.

Dans la poudre d'os et dans le phosphate de chaux précipité, au contraire, la totalité de l'acide phosphorique est assimilable.

Il résulte de là que la déclaration du titre, si l'on n'a pas égard à la nature et à l'origine du phosphate, est une garantie illusoire. Pour la rendre réelle, il faut la compléter par l'indication exacte et précise de la matière première employée.

Suivons les conséquences de ces premiers faits, le phosphate acide de chaux va nous en donner les moyens.

Ce produit est obtenu en traitant les autres phosphates, le plus ordinairement tribasiques, par 50 pour 100 environ d'acide sulfurique à 50 ou 55 degrés. L'acide sulfurique a pour premier effet de désagréger les phosphates et de faire passer la plus grande partie de l'acide phosphorique à l'état de phosphate acide ou superphosphate de chaux.

$$PhO^5, \left\{ \begin{matrix} CaO \\ 2HO \end{matrix} \right.$$

lequel est entièrement soluble dans l'eau, et peut manifester sans délai son action sur les plantes. Une fraction variable du phosphate soumis à ce traitement reste à son état primitif (1).

Le phosphate acide a donc sur tous les autres l'avantage de présenter aux plantes l'acide phosphorique à son maximum de solubilité sous une forme constante, invariable et toujours comparable à elle-même.

Supposons cependant un marchand d'engrais qui fixerait ainsi la richesse de ses produits en acide phosphorique.

Acide phosphorique. Total.	6	pour	100
Dont, soluble..........	4	—	100
Insoluble...............	2	—	100

Cette déclaration, tout en étant en progrès pour la première, est encore insuffisante.

Que l'on prenne deux phosphates acides de même titre, l'un fabriqué avec de l'apatite, et l'autre avec de la poudre d'os : leur valeur sera-t-elle la même? Pour la partie soluble, oui ; pour la partie insoluble, non. Ne savons-nous pas que le phosphate dans les os est assimilable par les plantes, et que dans l'apatite il ne l'est point?

Vous le voyez, sans la déclaration de la matière première employée, la garantie

(1) Si l'on employait une quantité plus forte d'acide sulfurique, il se formerait plus de phosphate acide, mais le produit deviendrait pâteux et serait d'un emploi très-difficile.

fondée sur le titre est décidément insuffisante.

Les mêmes observations sont applicables aux sels de potasse.

Parmi les sels de potasse, le plus avantageux sous tous les rapports est le nitrate. Il contient à la fois de l'azote et de la potasse, tous deux sous la forme la plus active et la plus facilement assimilable par les végétaux; la potasse épurée, le silicate de potasse ont aussi une grande valeur, quoique inférieure à celle du nitrate. Enfin, au bas de l'échelle, viennent le chlorure de potassium et le sulfate de potasse, que l'on trouve dans le commerce à tous les états possibles d'hydratation et d'impureté, associés à du sulfate de magnésie et à du sel marin. Or, du moment que ces divers sels n'ont ni la même valeur vénale ni la même action fertilisante, dire qu'un engrais contient 5 ou 6 de potasse sans autre explication, c'est en réalité une déclaration illusoire. Pour rendre la garantie réelle, il faut indiquer de plus la nature du sel employé.

Ces réserves s'appliquent avec plus de force encore aux matières azotées.

L'azote n'est efficace dans les engrais qu'à l'état de nitrate, de sel à base d'ammoniaque ou de matière organique, capable de se putréfier dans le sol, acte pendant lequel l'azote de ces matières passe, partie à l'état de nitrate et partie à l'état d'ammoniaque.

Il suit de là cette première conséquence,

dont l'évidence est manifeste, qu'à richesse égale, un engrais, dont l'azote est à l'état de nitrate ou de sel à base d'ammoniaque, doit produire plus d'effet, et partant a une valeur plus grande qu'un deuxième engrais dont l'azote est à l'état de matière organique.

Dans le premier cas, le composé est soluble, immédiatement assimilable; dans le second, au contraire, il doit subir, pour être absorbé par les plantes, une transformation qui en change complétement la nature, et que mille circonstances, sans influence sur les bons effets des nitrates ou des sels ammoniacaux, peuvent entraver.

Mais ce n'est pas tout. Lorsqu'une matière organique azotée se décompose, l'azote se partage en trois parties sur 100.

30 pour 100 passent à l'état d'ammoniaque ou de nitrate;

40 pour 100 restent dans le sol à l'état de produit fixe, dont les propriétés nous sont mal connues;

30 pour 100 se dégagent dans l'air à l'état de gaz azote (1).

Ce qui charge de 30 pour 100 le prix de l'azote utile. Ainsi, par exemple, la corne en poudre fine vaut 26 fr. les 100 kilogr. Elle contient 16 pour 100 d'azote; mais elle en perd 5.33 pour 100 dans l'acte de sa décomposition; sa richesse n'est donc en

(1) M. Ville, *Entretiens agricoles de* 1867, 3e édition, p. 301.

réalité que de 10.67 pour 100, au lieu de 16, ce qui porte le prix de l'azote utile à 2 fr. 43 le kilogr., au lieu de 1 fr. 62 que lui assigne son titre.

Nouvelle aggravation : suivant la nature de la matière organique, et pour la même matière, suivant son état de division, les quantités d'azote utilisées ou perdues varient dans une proportion considérable. Autant de conditions qui affectent le rendement, et dont il faut tenir compte, puisqu'elles réagissent sur le prix de l'azote absorbé.

La corne à l'état de poudre fine est une matière azotée efficace ; à l'état de fragments un peu volumineux, son action est lente et à peine sensible. Le sang et la viande cuite desséchés, qui se décomposent très-rapidement dans le sol, ne peuvent être mis en parallèle avec les débris de cuir, dont la décomposition, par suite de l'opération du tannage que la peau a subie, est incomparablement ralentie. Quant aux matières décidément pauvres, comme la tannée putréfiée par une longue exposition à l'air et introduite dans la composition de certains engrais à l'état de poudre sèche, pour donner de l'*humus* à la terre, dit-on, je n'en parle pas plus que des additions de tourbe : leur emploi est un acte insigne de sophistication.

Vous le voyez, la déclaration du titre, si elle n'a pour complément l'indication de la matière première employée, n'est que d'une utilité médiocre. Pour pouvoir fixer avec certitude la valeur réelle d'un engrais, il faut de toute nécessité savoir ce qu'il contient d'acide phosphorique, de potasse, de chaux et d'azote, sous quelle forme, et à quel état.

Avec ces deux renseignements tout devient simple, car alors on peut faire le décompte de l'engrais et comparer sa valeur à celle d'un engrais chimique de richesse égale.

Avec les engrais chimiques, tout est connu : le titre, la nature, le prix de chaque élément, les frais de mélange, etc.; or l'équité veut que tous les engrais soient soumis à l'avenir au même mode de contrôle et d'estimation.

Pour hâter autant qu'il peut dépendre de moi cette réforme inévitable et nécessaire, voici quelques renseignements sur le prix et la richesse des matières les plus usitées dans la fabrication des engrais industriels.

PHOSPHATES DE CHAUX.

	Acide phosphorique. pour 100.	Prix des 100 k fr.
Apatite...........................	30	10
Os en poudre.....................	25	20
Phosphate précipité.............	25	20
Nodules des Ardennes...........	19	6

SELS DE POTASSE.

	Potasse pour 100.	Prix des 100 kil
Sulfate de potasse à 80 degrés..	43	24 fr.
Chlorure de potassium à 80 degrés.	50	23
Sulfate double de potasse, de soude et de magnésie..............	17	15

MATIÈRES AZOTÉES.

	Azote pour 100.	Prix des 100 kil.
Sulfate d'ammoniaque......	20	45 fr.
Corne en poudre...........	16	26
Chair cuite et desséchée.....	9 à 10	20
Sang desséché en poudre.....	11 à 12	25

DÉCHETS DE LAINE.

Graton...................	?	5.50 fr.
Débourrages...............	5	5.30
Poussière de batteries.......	?	6 00

A l'aide de ces indications, chacun peut fixer avec exactitude le prix réel des engrais qu'il achète, ce qui donnera à l'avenir aux transactions sur les matières fertilisantes un caractère d'équité qui leur a trop souvent manqué jusqu'ici.

L'enquête de 1864 sur les fraudes qu'on fait subir aux engrais industriels, a dévoilé des manœuvres véritablement honteuses dont les cultivateurs sont tous les jours victimes. Dans le rapport qui sert de préface à l'Enquête, le ministre de l'agriculture estime à *cinq cents millions* la valeur des engrais industriels consommés en France chaque année.

Or, si l'on fixe à 20 pour 100 du prix d'achat le produit des fraudes commises— et c'est là certainement un minimum, — il en résulte pour l'agriculture une perte annuelle de 100 millions, qui s'accroît au moins du double de cette somme par le défaut de récolte, car à la perte de la valeur de l'engrais il faut ajouter celle des frais de semence, le montant de la main-d'œuvre pour les façons données à la terre, et enfin le loyer du sol où l'engrais a été répandu.

Il y a donc là un état de choses grave, digne d'éveiller à la fois la sollicitude du gouvernement et des hommes que l'avenir agricole de notre pays intéresse. Mais, à mon sens, cette situation ne peut être ni combattue ni améliorée par l'ingérence de l'administration dans les agissements du commerce, ni par une juridiction spéciale, — et la loi de 1867 l'a bien prouvé, — mais par les seuls remèdes auxquels une société virile doive recourir, la diffusion de plus en plus étendue dans les campagnes de notions saines sur le fond du sujet, et par la création d'institutions de crédit nouvelles, appropriées aux besoins agricoles et chargées, pour sauvegarder leurs propres intérêts, d'assurer par une voie indirecte la bonne qualité des engrais livrés aux cultivateurs. En d'autres termes, la solution doit sortir d'une grande extension donnée à l'instruction primaire et du libre jeu de l'offre à la demande, c'est-à-dire de la liberté.

Disons comment :

Il faut pourtant être juste. Depuis deux ou trois ans, le commerce des engrais a certainement progressé. Eclairé par la doctrine des engrais chimiques sur les règles qui doivent présider à l'emploi des agents de fertilité, il a compris qu'il avait tout avantage à s'inspirer de ces notions nouvelles et à modeler autant que possible la composition de ses produits sur celle des engrais chimiques, dont les formules sont en quelque sorte l'expression la plus haute des lois régulatrices de la production végétale.

Au lieu de sulfate d'ammoniaque et de nitrate de soude comme source d'azote, les marchands d'engrais emploient les matières animales, mais ils commencent à en régler différemment les doses, suivant la nature des plantes auxquelles les engrais sont destinés.

Au nitrate de potasse ils ont coutume de substituer un mélange de matière animale et de sulfate de potasse ou de chlorure de potassium — ils ont une prédilection excessive pour le phosphate des nodules, qui est le moins cher de tous; mais enfin, la justice veut qu'on le reconnaisse, ils associent ces produits plus judicieusement que par le passé; d'autres fabricants donnent résolûment la préférence aux engrais chimiques; mais ils y introduisent des matières animales, des nodules et du sulfate de potasse pour en abaisser le prix de revient, sans réduire le prix de vente, et retrouver, par cette substitution, les 30, 40 et 50 pour 100 de bénéfice dont leurs anciens produits étaient grevés.

Ce n'est donc point là encore le bien; mais ce n'est plus le hasard et l'empirisme, et si l'on a égard aux résultats déjà obtenus, nul doute que cette situation ne s'améliore encore, et, sous ce rapport, le grand levier viendra de l'intervention du crédit.

Quelle est aujourd'hui la position de l'agriculteur à l'égard du marchand d'engrais? Il n'a pas les fonds nécessaires pour acheter au comptant; il a besoin de crédit; il ne peut acheter qu'à un an ou quinze mois de terme.

Cette infériorité est la cause principale du mal: supprimez la cause, et le mal cessera.

Le marchand qui se découvre pendant quinze mois ne peut se contenter d'un bénéfice ordinaire. Pour racheter ce désavantage, il exagère son profit; ne pouvant élever son prix, qui repousserait l'acheteur, il a recours à la fraude, pour le dissimuler.

Comment changer cet état de choses et donner aux transactions sur les matières fertilisantes la moralité dont aucune autre branche d'industrie n'a autant besoin? En rendant les procédés honnêtes plus lucratifs que la fraude. Supposons pour un moment qu'une institution de crédit escompte à quinze mois le papier des marchands d'engrais, à condition que la traite portera l'indication de la nature et de la richesse du produit vendu. Ajoutez même, par surcroît de précaution, le dépôt préalable d'un type auquel on pourra en référer en cas de contestation. L'effet est immédiat: plus de fraude. Pourquoi y en aurait-il? N'est-il pas manifestement plus avantageux de renouveler son capital trois ou quatre fois dans l'année et d'opérer sur des valeurs sûres, que de courir les chances de procès dont l'issue est toujours incertaine?

En échange d'un si grand avantage que demande-t-on au commerce? — La certitude qu'il vend des produits de bonne qualité. Qui pourrait s'en plaindre?

A propos de ces dispositions conservatrices, on a prononcé les mots d'oppression, d'inquisition? — Mais le commerce et les affaires ne sont-elles pas une inquisition en permanence, ayant des agences spéciales pour se renseigner et se protéger contre cette classe de malfaiteurs qu'on appelle les fripons? D'ailleurs où y a-t-il en tout ceci l'ombre d'une contrainte? Force-t-on le commerce à escompter ses valeurs? Non, il est libre. Veut-il persévérer dans ses vieux errements? A part ses dupes, personne ne s'en enquiert. Trouve-t-il plus d'avantage à sortir des ténèbres pour agir en plein soleil, activer sa circulation? La condition est absolue : déclarer la nature, l'origine, la richesse exacte du produit vendu, et mettre la justice en mesure de sévir s'il y a dissentiment ou conflit ; en un mot, le droit commun et l'équité.

Mais la double déclaration que je réclame est-elle aussi nécessaire que je persiste à le penser? Oui, c'est la pierre angulaire de tout le système. Supprimez-la, l'escompte à quinze mois est inapplicable.

A quelle condition un escompte à si long terme peut-il offrir de la sécurité? A une seule : si le produit qui a été la source de la première transaction est, à l'époque de l'échéance, couvert par une plus-value certaine née de son emploi. L'utilité, la nécessité de cette condition sont évidentes. Pour obtenir ce résultat, que faut-il? Que l'engrais ait une richesse déterminée en acide phosphorique, potasse, chaux et azote, sous des formes déterminées, c'est-à-dire assimilables par les plantes dont elles assurent la récolte, source du profit. Si cette condition nécessaire a été remplie, pourquoi ne pas le dire? Si elle ne l'a pas été, le risque à courir est trop grand; l'escompte est impossible sans témérité. Vous le voyez, pour opérer sûrement, il faut être instruit, agir, comme je le disais, en plein soleil, et laisser les marchands qui ont besoin de mystère à leurs ténébreuses et malsaines spécialités.

J'ignore quels sont sur ce sujet les desseins du nouveau *Crédit rural.* Plus que personne, je me suis réjoui de sa fondation et du succès que sa souscription a obtenu. Ce succès honore l'homme distingué qui en a la direction, mais il témoigne aussi de la vivacité et de l'importance des intérêts auxquels la fondation nouvelle est appelée à répondre. L'ère de liberté et de contrôle qui s'ouvre devant nous me donne l'espérance que le voisinage du Crédit rural ramènera le *Crédit foncier* et surtout le *Crédit agricole* à leur véritable destination.

Faisons des vœux pour que leur rivalité surexcite leur zèle, et que leur activité les préserve à la fois de l'atonie qui pèse sur la Banque de France et des déviations statutaires que l'intervention du Corps législatif a dû réprimer.

Notre agriculture est en arrière sur celle de presque tous les autres pays de l'Europe. Elle ne peut rattraper l'avance perdue qu'en devenant de plus en plus industrielle, et elle ne peut acquérir ce caractère qu'en se séparant des traditions qu'elle a reçues du passé. Si l'agriculture n'était possible que par le fumier, quel serait donc l'avenir réservé à nos départements du Midi, où le fourrage manque et où la vigne empiète de jour en jour sur les terres en culture? — Autre fait non moins absolu dans ses conséquences et qu'il nous faut rappeler à satiété : la France est essentiellement un pays de petite culture; or la petite culture ne peut se livrer à la production du bétail.

Ici c'est le climat, et là l'état de division de la propriété qui s'y opposent.

Comment sortir de cette situation, qui mène droit à l'épuisement de la terre? En faisant un emploi de plus en plus étendu des engrais industriels composés avec les matières premières de fumier; en venant en aide au cultivateur par le crédit; en le mettant en garde contre les appâts tendus par la fraude à sa bonne foi ou à sa détresse ; en lui apprenant enfin à tirer parti de notre merveilleux climat, qui se prête aux productions les plus variées (1).

Un autre motif doit nous convier à cette croisade en faveur des campagnes. Le suffrage universel est devenu notre maître à tous. Or, pour qu'il soit à la hauteur du mandat qui lui est échu, il faut que la condition des classes ouvrières soit en rapport avec l'importance du rôle politique qu'elles sont appelées à remplir par le savoir, par la notion exacte de leurs droits, la connaissance éclairée de leurs devoirs et par une aisance proportionnée à la dure tâche de leur labeur quotidien !

VI.

LES ASSURANCES EN FAVEUR DU CRÉDIT.

Avant de déposer la plume, je voudrais émettre un vœu.

En agriculture, les chances aléatoires sont plus nombreuses que dans l'industrie : les saisons ont une influence contre laquelle il est souvent impossible de lutter. Que de fois une récolte qui s'annonçait sous les plus brillants auspices et faisait la joie de son heureux propriétaire s'est trouvée

(1) Voir la Conférence faite en la Sorbonne le 17 mars 1866 : *Crise agricole devant la Science.*

compromise par un rien, une pluie ou une gelée venue mal à propos! Que de désastres produits chaque année par la grêle! D'autres fois, c'est la sécheresse, le vent ou la rosée. Tout bien compté, cependant, l'expérience universelle est unanime pour attester qu'une terre richement pourvue d'engrais donne plus de profit qu'une autre fumée avec parcimonie. Il y donc un intérêt de premier ordre à bien fumer la terre; mais ici se présente l'éternelle difficulté: le capital. J'ai montré ailleurs l'importance des résultats qu'on peut obtenir avec un faible débours, si l'on agit avec discernement et persévérance, et si l'on consacre à l'amélioration du sol le profit né des premières avances. (Voyez p. 202, *Entretiens* de 1868.)

Je viens d'expliquer comment le crédit peut intervenir pour accélérer la solution. J'ai dit d'où la première garantie doit naître, et comment, en sauvegardant ses propres intérêts, le crédit est appelé à devenir le protecteur des intérêts privés. A cette garantie je voudrais en ajouter une autre mieux définie dans ses moyens et plus absolue dans ses résultats.

Si les expériences sur les engrais industriels se multipliaient au point de nous livrer 15 à 20.000 résultats par an; si la nature des engrais employés était partout la même, ou au moins équivalente sous le rapport de la richesse en acide phosphorique, potasse, chaux et matière azotée, le nombre et la gravité des insuccès étant rigoureusement connus, l'importance des résultats rémunérateurs l'étant également, il deviendrait possible de fixer avec certitude la prime dont il suffirait de grever le prix de l'engrais pour assurer le cultivateur contre les mauvaises récoltes. Je prévois l'objection : la fraude, la mauvaise foi. Vous oubliez ce qu'ont produit les mutualités contre la grêle, et l'impossibilité qu'il y a de tromper dès qu'il s'agit d'un intérêt où l'action personnelle agit sous le contrôle de l'intérêt collectif. Je crois au succès de ces sortes d'assurances, parce que tout le monde y gagnerait. L'agriculture d'abord, dont les opérations deviendraient plus sûres, et les institutions de crédit, dont les risques se trouvant restreints, seraient moins retenues par la crainte de s'engager dans des opérations de longue haleine; la haute valeur du gage qui leur serait offert rendrait possible la mobilisation des titres, ou tout au moins la création d'un papier de circulation à courte échéance, dont ces titres formeraient la garantie.

Ceci explique combien il est désirable que les résultats des expériences auxquelles on se livre de toutes parts reçoivent la publicité la plus étendue.

De cette œuvre collective, il doit naître dans un avenir prochain la possibilité d'étendre le domaine de l'assurance, seule capable de conjurer les incertitudes auxquelles les entreprises agricoles sont exposées.

Puisse mon exemple trouver des imitateurs.

Je rapporte dans les pages qui suivent les résultats de cinq cents expériences comparatives faites tant avec le fumier qu'avec les engrais chimiques. J'ai l'intention de continuer cette publication dans la limite de mes moyens. Notre temps est avant tout une époque de publicité. Personne ne peut avoir la prétention d'être cru sur parole. Je supplie donc les personnes qui auraient quelques rectifications à me signaler, ou quelques critiques à produire touchant les faits que je rapporte ou l'interprétation que j'en ai présentée, de le faire publiquement et sans hésitation. Ce qui a manqué jusqu'ici à l'agriculture, c'est un contrôle impartial des tentatives auxquelles elle s'est livrée pour améliorer ses méthodes. Unissons donc nos efforts pour combler cette lacune et entrer dans des voies meilleures.

Il faudrait fermer les yeux à l'évidence pour n'être pas frappé de la transformation qui est en voie de s'accomplir dans notre régime agricole. L'antique formule : prairie, bétail, céréales, a fait son temps comme insuffisante pour nos besoins, le progrès veut qu'on lui substitue la formule nouvelle : importation d'engrais, céréales, bétail. La première était fille de l'empirisme, la seconde l'est de la science. Entre les deux, la lutte n'est plus possible. Si, après tout ce qui a été dit, il vous restait encore quelque doute, reportez-vous aux documents qui suivent, reprenez en sous-œuvre par la méditation les considérations que je vous ai présentées, et, après avoir bien pesé le pour et le contre, concluez vous-même, comme je l'ai dit ailleurs, « dans la plénitude de votre justice et de votre liberté » (1).

(1) *Journal officiel* du 14 juin 1869. — Conférence faite au champ d'expériences de Vincennes, en présence de M. Duruy, alors ministre de l'instruction publique.

RÉPERTOIRE

DES

RÉSULTATS OBTENUS EN 1868

AU MOYEN DES ENGRAIS CHIMIQUES

LE BLÉ.

Première série.

Rendements compris entre 40 et 60 *hectolitres par hectare.*

M. DE SAIVE, à la Péaudière (Indre-et-Loire).

Kilogr.		Rendements par hectare. Hectol.	Excédant sur la terre sans aucun engrais. Hectol.
1.200	Engrais complet.......	61.30	15.00
1.000	Engrais complet......	50.30	4.00
50.000	Fumier de ferme......	48.00	1.70
»	Terre sans aucun engrais.	46 30	»

M. DUPUIS, à Saint-Pierre-du-Val (Eure).

Kilogr.		Rendements par hectare. Hectol.	Excédant sur la terre sans aucun engrais. Hectol.
1.200	Engrais complet.......	52.00	17.30
30.100	Fumier de ferme......	45.90	11.20
»	Terre sans aucun engrais	34.70	»

M. le baron D'AVÈNE, au château de Briche (Seine-et-Marne).

Kilogr.		Rendements par hectare. Hectol.	Excédant sur la terre sans aucun engrais. Hectol.
200	Sulfate d'ammoniaque.	49.50	»
»	Rendement moyen du pays avec fumier....	32.00	»

M. BOISSE, à Soisy-sur-École (Seine-et-Oise).

Kilogr.		Rendements par hectare. Hectol.	Excédant sur la terre sans aucun engrais. Hectol.
»	Engrais complet n° 1...	50.00	»
»	Rendement moyen du pays avec fumier....	[illegible]	»

M. MOUILLEFERT, à la ferme-école de Saint-Michel (Nièvre).

Kilogr.		Rendement à l'hectare. Hectol.	Excédant sur la terre sans aucun engrais. Hectol.
1.600	Engrais complet intensif	47.50	21.10
1.200	Engrais complet.......	41.00	14.60
60.000	Fumier de ferme......	38.00	11.60
30.000	Fumier de ferme......	30.40	4.00
»	Terre sans aucun engrais	26.40	»
	M. COMBET, à Lyon (Rhône).		
»	Engrais complet.......	47.20	»
»	Fumier de ferme......	25.60	»
	M. DE NEYRIEU, au château de la Grive (Isère).		
1.200	Engrais complet.......	41.70	»
	M. BOUGON, à Noyon (Oise).		
950	Engrais complet.......	41.65	»
27.000	Fumier de ferme.......	40.27	»
	M. HÉNIAU, à Bry (Nord).		
200	Sulfate d'ammoniaque...	40.00	»
	M. PONCELET, à Douzy (Ardennes).		
1.200	Engrais complet.......	40.00	4.00
100.000	Fumier de ferme.......	37.00	1.00
100.000	Fumier de mouton....	35.00	en perte
»	Terre sans aucun engrais	36.00	»

MOYENNE DES RENDEMENTS.

Kilogr.		Hectol.
995	*Engrais chimique........*	46.50
56.728	*Fumier de ferme..........*	39.22
	Excédant en faveur de l'engrais chimique............	7.28

Deuxième série.

Rendements compris entre 35 *et* 40 *hectolitres par hectare.*

M. CHAVÉE-LEROY, à Clermont-les-Fermes (Aisne).

200	Sulfate d'ammoniaque..	39.00	3.00
»	Terre sans aucun engrais	36.00	»

M. CRÉPEL, à Wailly (Pas-de-Calais).

Kilog.		Rendement à l'hectare. Hectol.	Excédant sur la terre sans aucun engrais. Hectol.
1.200	Engrais complet.......	38.00	8.00
1.600	Engrais complet intensif	33 00	3.00
60.000	Fumier de ferme......	22.00	en perte
30.000	Fumier de ferme......	22.00	en perte
»	Terre sans aucun engrais.	30.00	»

M. DELCASSE, au Château de Lauraguet (Aude).

1.200	Engrais complet	38.00	»
40.000	Fumier de ferme......	18 00	»

M. NELS, à Haute-Yutz (Moselle).

1.200	Engrais complet.......	37.00	19.00
60.000	Fumier de ferme.......	29.00	11.00
»	Terre sans aucun engrais.	18.00	»

M. DEMORY, à Fresne (Pas-de-Calais).

1.600	Engrais complet intensif.	37.00	19.00
1.200	Engrais complet	32.00	14.00
60.000	Fumier de ferme......	39.00	21.00
30.000	Fumier de ferme......	38.00	20.00
»	Terre sans aucun engrais	18.00	»

M. BAROUX, à Digeon (Somme).

600	Engrais complet.......	39.66	2.05
»	Terre sans aucun engrais	37.61	»

M. CAVALLIER, au Mesnil-Saint-Nicaise (Somme).

Après betteraves sur 1.200 kilogr. d'engrais complet.

200 200	Sulfate d'ammoniaque... Phosphate acide de chaux	38.50	»

Après colza sur engrais incomplet.

200 200	Sulfate d'ammoniaque... Phosphate acide de chaux	38.00	»

M. GROMIER, à Lyon (Rhône).

1.000	Engrais complet......	36.00	»
40.000	Fumier de ferme......	22.00	»

M. LOMBARD-MOREL, à Saint-Avit (Drôme).

1.200	Engrais complet.......	36.00	»
»	Fumier de ferme.......	30.75	»

Société d'Agriculture du Pas-de-Calais.

Kilogr.		Rendement à l'hectare. Hectol.	Excédant sur la terre sans aucun engrais. Hectol.
1.600	Engrais complet intensif.	36.00	19.00
1.200	Engrais complet.......	33.00	16.00
60.000	Fumier de ferme......	30.00	13.00
30.000	Fumier de ferme......	28.00	11.00
»	Terre sans aucun engrais	17.00	»
	M. Baroux, à Digeon (Somme).		
600	Engrais complet.......	35.67	11.31
»	Terre sans aucun engrais.	24.36	»
	M. Lavaux, à Choisy-le-Temple (Seine-et-Marne).		
1.200	Engrais complet, n° 2, en 1867...............	35.00	»
	Rendement moyen du pays avec le fumier..	27.60	»
	M. Boutry, à Saint-Sauveur (Pas-de-Calais).		
1.200	Engrais complet.......	35.00	14.00
1.600	Engrais complet intensif	33.00	12.00
60.000	Fumier de ferme.......	24.00	3.00
30.000	Fumier de ferme	24.00	3.00
»	Terre sans aucun engrais	21.00	»
	M. Jean, à Omonville-la-Rogue (Manche).		
1.200	Engrais complet n° 3...	35.00	20.00
40.000	Fumier de ferme......	25.00	10.00
»	Terre sans aucun engrais	15.00	»
	M. Boullevraye, à Saint-Denis-de-Gastines (Mayenne).		
1.000	Engrais incomplet n° 1.	35.00	»
40.000	Fumier de ferme......	28.00	»
	M. de la Grèverie, à Caignac (Haute-Garonne).		
1.200	Engrais complet.......	35,00	»
»	Fumier de ferme......	23.00	»
	M. Lavaux, à Choisy-le-Temple (Seine-et-Marne).		
	Après 900 kilogr. engrais incomplet n° 1.		
200	Sulfate d'ammoniaque..	35.00	»
»	Rendement moyen du pays avec fumier....	32.00	»

MOYENNE DES RENDEMENTS.

Kilogr.		Hectol.
1.036	*Engrais chimique*	35.90
44.615	*Fumier de ferme*	26.84
	Excédant en faveur de l'engrais chimique	9.06

Troisième série.

Rendement compris entre 30 *et* 35 *hectol. par hectare.*

M. BORDERIES, à Saïx (Tarn).

Kilogr.		Rendement à l'hectare. Hect.	Excédant sur la terre sans aucun engrais. Hect.
1.200	Engrais complet........	33.00	»
40.000	Fumier de ferme.......	16.00	»

M. DE LA GRÈVERIE, à Caignac (Haute-Garonne).

1.200	Engrais complet........	33.00	»
20.000	Fumier de ferme.......	24.50	»

M. AMALBERT, à Marseille (Bouches-du-Rhône).

1.200	Engrais complet........	32.35	»
»	Rendement moyen du pays avec fumier	25.00	»

M. MAYRE, aux Boulayes (Seine-et-Marne).

1.200	Engrais complet........	32.00	»

M. le baron DAEL DE KOETH, à Soërgenloch (Prusse).

894	Engrais complet........	32.00	7.40
500	Sulfate d'ammoniaque..	30.60	6.00
»	Terre sans aucun engrais.	24.60	»

M. CAVALLIER, au Mesnil-Saint-Nicaise (Somme).

Après trèfle sur engrais incomplet.

200	Phosphate acide de chaux	32.40
200	Sulfate d'ammoniaque...	
200	Sulfate de chaux	

Après colza sur engrais incomplet.

133	Phosphate acide de chaux	32.40
133	Sulfate d'ammoniaque..	
133	Sulfate de chaux.......	

Après betteraves sur engrais complet.

Kilogr.		Rendements par hectare. Hectol.	Excédant sur la terre sans aucun engrais. Hectol.
133	Phosphate acide de chaux		
133	Sulfate d'ammoniaque..	32.00	
133	Sulfate de chaux......		
	M. LAURENCE, à Niort (Deux-Sèvres).		
1.200	Engrais complet........	32.00	19.25
30.000	Fumier de ferme.......	20.74	7.99
»	Terre sans aucun engrais.	12.75	»
	M. Hourier, à Kremrich (Moselle).		
1.200	Engrais complet........	31.20	22.22
»	Terre sans aucun engrais.	8.98	»
	M. SEIBEL, à Saint-Julien-du-Serre (Ardèche).		
1.000	Engrais incomplet n° 1..	31.00	»
50.000	Fumier de ferme.......	16.00	»
	M. WAGNER, à Châteaurenault (Indre-et-Loire).		
300	Sulfate d'ammoniaque...	30.00	»
»	Rendement moyen avec fumier..............	6.00	»
	M. Hubert, à Frethun (Pas-de-Calais).		
1.600	Engrais complet intensif.	30.00	3.40
»	Terre sans aucun engrais.	26.60	»
	M. LAUDET, au château de Laballe (Landes).		
»	Engrais complet........	30.00	»
»	Fumier de ferme.......	23.00	»
	M. FOURNERET, à Fontainebleau (Seine-et-Marne).		
1.000	Engrais complet.......	30.00	»
	M. MAYRE, aux Boulayes (Seine-et-Marne).		
1.000	Engrais complet.......	30.00	»
	M. HUBERT, à Frethun (Pas-de-Calais).		
533	Engrais complet.......	30.00	5.00
»	Terre sans aucun engrais	25.00	»
	M. THOMASSON, à Varennes-sur-Allier (Allier).		
»	Engrais complet n° 2...	30.00	»

M. DE MATHAREL, au Chéry (Puy-de-Dôme).

Kilogr.		Rendement à l'hectare. Hectol.	Excédant sur la terre sans aucun engrais. Hectol.
1.000	Engrais complet	30.00	16.00
»	Terre sans aucun engrais	14.00	»

M. NELS, à Haute-Yutz (Moselle).

1.200	Engrais complet.......	30 00	13.00
»	Terre sans aucun engrais	17 00	»

M. LOMBARD-MOREL, à Saint-Avit (Drôme).

1.200	Engrais complet.	30.00	»
»	Fumier de ferme......	19.60	»

MOYENNE DES RENDEMENTS.

Kilogr.		Hectol.
941	*Engrais chimique*	31.20
35.000	*Fumier de ferme*..........	19.31
	Excédant en faveur de l'engrais chimique	11.89

Quatrième série.

Rendements compris entre 25 *et* 30 *hectolitres par hectare.*

M. le chevalier MUSSA, à Mondonio (Italie).

1.200	Engrais complet	29.30	28.50
»	Terre sans aucun engrais	0.80	»

M. DE GUAITA, à Nancy (Meurthe).

1.100	Engrais complet	29 00	21.30
»	Terre sans aucun engrais	7.70	»

M. DELESTRAC, à Cucuron (Vaucluse).

900	Engrais complet.......	28.80	»

M. BAROUX, à Digeon (Somme).

650	Engrais complet	28.30	4.00
»	Terre sans aucun engrais	24.30	»

M. le baron DAEL DE KOETH, à Soërgenloch, près Mayence.

300	Sulfate d'ammoniaque..	29.30	4.70
400	Sulfate d'ammoniaque .	28.00	3.40
»	Terre sans aucun engrais	24.60	»

M. CAVALLIER, au Mesnil-Saint-Nicaise (Somme).

Kilogr.		Rendements par hectare. Hectol.	Excédant sur la terre sans aucun engrais. Hectol.
	Après betteraves sur engrais complet sans nouvelle addition.........	27.00	»
	M. CHARRIÈRE, à Ahun (Creuse).		
725	Engrais complet.......	28.00	»
28.000	Fumier de ferme......	20.00	»
	M. LABADIE, à Poitiers (Vienne).		
600	Engrais complet.......	28.00	»
	M. VIGNIER, à Villefranche (Haute-Garonne).		
210	Engrais complet.......	28.00	»
»	Rendement maxima du pays avec fumier....	15.00	»
	M. le comte DE GESTAS, au château de Pancy (Aisne).		
1.200	Engrais complet n° 1..	28.00	»
»	Rendement moyen du pays avec fumier....	15.00	»
	M. DE THOU, à Thou (Loiret).		
1 200	Engrais complet.......	28.00	6.00
	Terre sans aucun engrais	22.00	»
	M. DE GUAITA, à Nancy (Meurthe).		
1.600	Engrais complet.......	27.32	15.13
»	Terre sans aucun engrais	12.19	»
	M. HUBERT, à Frethun (Pas-de-Calais).		
400	Engrais complet.......	27.30	0.70
»	Terre sans aucun engrais	26.60	»
	M. BOREL, à Château-Frayé (Seine-et-Oise).		
200	Sulfate d'ammoniaque..	27.00	1.00
»	Terre sans aucun engrais	26.00	»
	M. PILLE, à Bourdonnay (Aube).		
1.200	Engrais complet.......	27.00	11.00
»	Terre sans aucun engrais	16.00	»
	M. DE GUAITA, à Nancy (Meurthe).		
1.000	Engrais complet.......	26.70	10.80
»	Terre sans aucun engrais	15.90	»

M. PILLE, à Bourdonnay (Aube).

Kilogr.		Rendements par hectare. Hectol.	Excédant sur la terre sans aucun engrais. Hectol.
1.200	Engrais complet.......	26.51	11.67
»	Terre sans aucun engrais	14.84	»

M. le marquis de VIRIEU, à Pupetière (Isère).

470	Engrais complet.......	26.00	6.00
»	Terre sans aucun engrais	20.00	»

M. FAURE, à Lille (Nord).

1.000	Engrais complet.......	25.60	»
»	Rendement moyen de la contrée avec fumier..	10.00	»

M. le baron RICASOLI, à Florence (Italie).

1.500	Engrais complet intensif	25.20	16.30
	Terre sans aucun engrais	8.90	»

M. ARCOZZI-MASINO, à Saint-Morizio-Canavese (Italie).

1.200	Engrais complet.......	25.00	»
20.000	Fumier de ferme.......	9.00	»

MOYENNE DES RENDEMENTS.

Kilogr.		Hectol.
875	*Engrais chimique*	27.42
24.000	*Fumier de ferme*..........	14.50
	Excédant en faveur de l'engrais chimique...........	12.92

Cinquième série.

Rendement compris entre 20 et 25 hectolitres par hectare.

M. THOMASSON, à Varennes (Allier).

Après engrais complet n° 3.

380	Sulfate d'ammoniaque..	24.60	»

M. RAUZIÈRES, au Pech de Belvezé (Tarn-et-Garonne).

1.200	Engrais complet.......	24.47	10.00
»	Terre sans aucun engrais	14.47	»

M. le marquis de Virieu, à Pupetière (Isère).

Après engrais incomplet n° 1.

Kilogr.		Rendement à l'hectare. Hectol.	Excédant sur la terre sans aucun engrais. Hectol.
160	Sulfate d'ammoniaque.	24.00	»
270	Engrais complet.......	22.25	»
500	Engrais complet n° 2..	20.00	»
36.000	Fumier de ferme......	22.00	»
	M. Bourcart, au château du Châtellier (Cher).		
1.200	Engrais complet n° 2..	24.00	»
700	Engrais complet n° 2...	20.00	»
	M. Cavallier, au Mesnil-Saint-Nicaise (Somme).		
	Après blé sur fumier.		
200	Phosphate acide de chaux	24.00	»
200	Sulfate d'ammoniaque..		
200	Sulfate de chaux.......		
	Après betteraves sur engrais complet et sans nouvelle addition.....	23.00	
	M. Hourier, au Kremrich (Moselle).		
700	Engrais complet.......	24.00	15.02
»	Terre sans aucun engrais	8.98	»
	M. Maravange, au Châtelet en Berry (Cher).		
1.200	Engrais complet.......	24 00	»
63.000	Fumier de ferme......	12.00	»
	M. Mottard, à Saint-Fons (Rhône).		
420	Sulfate d'ammoniaque..	23.60	»
230	Vidange.............	18.90	»
	M. le comte de Lavaulx, à Villers-Agron (Aisne).		
1.600	Engrais complet intensif	23.60	10.60
»	Terre sans aucun engrais	13.00	»
	M. Roger, à Melun (Seine-et-Marne).		
300	Sulfate d'ammoniaque et sulfate de chaux.....	23.36	»
	M. Roze, à Sens (Yonne).		
750	Engrais complet n° 3...	23.25	»
»	Fumier de ferme.......	30.20	»

Frère Olympe, à Saint-Claude-les-Besançon (Doubs).

Kilogr.		Rendement à l'hectare. Hectol.	Excédant sur la terre sans aucun engrais. Hectol.
1.200	Engrais complet.......	23.00	10.00
»	Fumier de ferme......	22.00	9.00
»	Terre sans aucun engrais	13.00	»

M. Huard, à Foulletourte (Sarthe).

1.200	Engrais complet.......	22.70	22.70
40.000	Fumier de ferme......	4.00	4.00
»	Terre sans aucun engrais	Nul.	»

M. Lombard-Morel, à Saint-Avit (Drôme).

1.200	Engrais complet.......	22.50	2.00
»	Terre sans aucun engrais	20.50	»

M. de Gillès, à Saulchoix-Clary (Somme).

1.200	Engrais complet.......	22.00	9.00
»	Fumier de ferme......	17.50	4.50
»	Terre sans aucun engrais	13.00	»

M. Godefroy, à Châteauroux (Indre).

1.500	Engrais complet intensif	21.50	11.80
»	Terre sans aucun engrais	9.70	»

M. de Guaita, à Nancy (Meurthe).

1.000	Engrais complet......	21.40	8.20
»	Terre sans aucun engrais	13.20	»

M. de Rauglandre, à Écart-d'Ambières (Marne).

200	Sulfate d'ammoniaque..	20.40	7.26
»	Terre sans aucun engrais	13.14	»

M. Cail, à la Briche (Indre-et-Loire).

200	Sulfate d'ammoniaque..	21.65	10.45
»	Terre sans aucun engrais	11.20	»

M. Cerfbeer, à Oberviller (Meurthe).

1.000	Engrais complet.......	20.00	»
30.000	Fumier de ferme......	18.00	»

M. Lhuillier, à Pouillenay (Côte-d'Or).

1.200	Engrais complet.......	20.00	»
40.000	Fumier de ferme......	15.00	»

M. Rieffel, à Grand-Jouan (Loire-Inférieure).

Kilogr.		Rendement à l'hectare. Hectol.	Excédant sur la terre sans aucun engrais. Hectol.
1.200	Engrais complet.......	20.00	»
40.000	Fumier de ferme.......	16.00	»

MOYENNE DES RENDEMENTS.

Kilogr.		Hectol.
849	*Engrais chimique.........*	22.44
41.500	*Fumier de ferme..........*	14.50
	Excédant en faveur de l'engrais chimique............	7.94

Sixième série.

Rendements compris jusqu'à 20 hectolitres par hectare.

M. Villerand, à Maison-Neuve (Dordogne).

1.200	Engrais complet n° 1...	19.40	16.84
1.200	Engrais complet n° 1..	17.00	14.44
1.200	Engrais complet n° 1...	12.94	10.38
38.000	Fumier de ferme......	12.62	10.06
»	Terre sans aucun engrais	2.56	»

M. Périer, à Rochefolle (Indre-et-Loire).

1.125	Engrais complet.......	19.00	»
»	Rendement moyen du pays avec fumier....	7.00	»

M. Fournier, à Bordeaux (Gironde).

454	Engrais complet.......	18.70	»

M. Cail, à la Briche (Indre-et-Loire).

300	Sulfate d'ammoniaque .	18.30	7.10
»	Terre sans aucun engrais	11.20	»

M. Cavallier, au Mesnil-Saint-Nicaise (Somme).

	Après betteraves sur engrais complet et sans nouvelle addition d'engrais..............	19.00	»

Kilogr.		Rendements par hectare. Hectol.	Excédant sur la terre sans aucun engrais. Hectol.
	Après betteraves sur engrais complet et sans nouvelle addition d'engrais...............	18.00	»
M. Fourneret, à Fontainebleau (Seine-et-Marne).			
1.000	Engrais complet	15.70	»
1.000	Engrais complet.......	13.80	»
M. Pigault de Beaupré, à Hubersent (Pas-de-Calais).			
300	Sulfate d'ammoniaque..	18.00	»
300	Sulfate d'ammoniaque..	12.56	»
M. Godefroy, à Châteauroux (Indre).			
1.000	Engrais complet.......	11.00	1.30
»	Terre sans aucun engrais	9.70	»
M. Coureau, à Bordeaux (Gironde).			
1.200	Engrais complet.......	18.07	»
M. Grenouillet, à Pruniers (Indre).			
1.000	Engrais complet.......	17.71	»
	Rendement moyen de la contrée avec fumier..	18.80	»
M. Cail, à la Briche (Indre-et-Loire).			
600	Engrais complet n° 1...	17.60	6.40
»	Terre sans aucun engrais	11.20	»
M. le marquis de Montmort, à Montmort (Marne).			
1.200	Engrais complet.......	17.30	13.30
1.200	Engrais complet.......	13.50	9.50
32.000	Fumier de ferme......	16.00	12.00
»	Terre sans aucun engrais	4.00	»
M. Grenouillet, à Pruniers (Indre).			
1.200	Engrais complet.......	16.50	»
M. de Blic, à Échalot (Côte-d'Or).			
1.200	Engrais complet.......	16.00	»
45.000	Fumier de ferme......	10.00	»
M. Périer, à Rochefolle (Indre-et-Loire).			
1.200	Engrais complet.......	16.00	16.00
»	Terre sans aucun engrais	Nul.	»

Kilogr.		Rendements par hectare. Hectol.	Excédant sur la terre sans aucun engrais. Hectol.
	M. Servier, à Bourg-Saint-Andéol (Ardèche).		
600	Engrais complet n° 1...	16.00	»
600	Engrais complet.......	15.60	»
»	Fumier de ferme.......	10.40	»
	M. du Peyrat, à la ferme-école de Beyrie (Landes).		
400	Sulfate d'ammoniaque..	16.10	8.12
400	—	13.31	5.33
400	—	12.40	4.42
400	—	11.37	3.39
80.000	Fumier de ferme......	11.88	3.90
40.000	Fumier de ferme......	9.60	1.62
»	Terre sans aucun engrais.	7.98	»
	M. de la Grèverie, à Caignac (Haute-Garonne).		
1.200	Engrais complet n° 1...	15.50	»
20.000	Fumier de ferme......	8.00	»
	M. Waddington, à Saint-Remy-sur-Arc (Eure).		
1.400	Engrais complet.......	14.30	»
	M. de Guaita, à Nancy (Meurthe).		
600	Engrais incomplet	14.00	6.30
»	Terre sans aucun engrais	7.70	»
	M. Durand-Missècle, à Missècle (Tarn).		
500	Engrais complet.......	14.00	»
20.000	Fumier de ferme.......	14.00	»
	M. Delestrac, à Cucuron (Vaucluse).		
600	Engrais complet.......	13.94	»
600	—	10.00	»
600	—	9.22	»
	M. Lepargneux, à Bigeaunette (Eure-et-Loir).		
380	Sulfate d'ammoniaque..	13.00	»
	M. Coureau, à Bordeaux (Gironde).		
625	Engrais complet.......	12.50	»
	M. de Blic, à Échalot (Côte-d'Or).		
1.200	Engrais complet.......	11.30	4.70
»	Terre sans aucun engrais	6.60	»
	M. Granié, à Toulouse (Haute-Garonne).		
1.200	Engrais complet	10.00	»
40.000	Fumier de ferme.......	14.17	»

MOYENNE DES RENDEMENTS.

Kilogr.		Hectol.
831	*Engrais chimique.........*	14.96
39.375	*Fumier de ferme..........*	12.03
	Excédant en faveur de l'engrais chimique	2.93

RÉCAPITULATION DES RÉSULTATS OBTENUS SUR LE FROMENT.

	ENGRAIS CHIMIQUE.		FUMIER DE FERME.	
	ENGRAIS. kilogr.	RÉCOLTE. hectol.	FUMIER. kilogr.	RÉCOLTE. hectol.
1re série...	995	46.50	56,728	39.22
2e série...	1,036	35.90	44,615	26.84
3e série...	941	31.20	35,000	19,31
4e série...	875	27.42	24,000	14.50
5e série...	849	22.44	41,500	14.50
6e série...	831	14.96	39,375	12 03

MOYENNE GÉNÉRALE.

Kilogr.		Hectol.
921	d'engrais chimique ont produit.	29.73
40.202	de fumier de ferme	21.06
	Excédant en faveur de l'engrais chimique..................	8.67

LA BETTERAVE.

Première série.

Rendements compris entre 70.000 ***et*** 140.000 ***kilogr. de racines par hectare.***

M. Junger, à Manom (Moselle).

Kilogr.		Rendements par hectare.	Excédant sur la terre sans aucun engrais.
1.200	Engrais complet n° 2...	142.000	46.900
30.000	Fumier de ferme......	106.500	11.400
»	Terre sans aucun engrais.	95.100	»

M. Tourelle, à Veymerange (Moselle).

Kilogr.		Rendements par hectare.	Excédant sur la terre sans aucun engrais.
1.200	Engrais complet n° 2..	105.000	60.000
40.500	Fumier de ferme	75.000	30.000
»	Terre sans aucun engrais	45.000	»

M. Forey, à Montluçon (Allier).

Kilogr.		Rendements par hectare.	Excédant sur la terre sans aucun engrais.
1.600	Engrais complet intensif nº 2	100.000	»

M. Hym, à Florange (Moselle).

1.200	Engrais complet nº 2..	87.000	15.000
150.000	Fumier de ferme......	87.000	15.000
»	Terre sans aucun engrais.	72.000	»

M. Dufort, à Monneren (Moselle).

1.200	Engrais complet nº 2...	75.000	30.000
60.000	Fumier de ferme......	60.000	15.000
»	Terre sans aucun engrais.	45.000	»

M. Lavaux, à Choisy-le-Temple (Seine-et-Marne).

2.330	Engrais complet nº 2..	74.513	»
50.000	Fumier de ferme......	40.000	»

M. Cail, à la Briche (Indre-et-Loire).

1.600	Engrais complet intensif nº 2................	73.000	»
60.000	Fumier de ferme......	67.500	»
30.000	Fumier de ferme......	55.000	»

M. Fantboa, à Fumal (Belgique).

1.200	Engrais complet nº 2..	72.000	»
»	Fumier de ferme......	57.000	»

Moyenne des rendements.

1.441 kilogr.	*Engrais chimiques.*	91.064 kilogr.
60.071 »	*Fumier de ferme..*	70.142 »
Excédant en faveur de l'engrais chimique.....................		20.922 kilogr.

Deuxième série.

Rendements compris entre 60.000 *et* 70.000 *kilogr. de racines par hectare.*

M. Prévost, à Calais (Pas-de-Calais).

BETTERAVES (GLOBES JAUNES).

1.600	Engrais complet intensif nº 2...............	69.400	12.100

Kilogr.		Rendements par hectare.	Excédant sur la terre sans aucun engrais.
1.200	Engrais complet n° 2..	69.900	12.600
60.000	Fumier de ferme......	65.200	7.900
30.000	Fumier de ferme......	57.800	500
»	Terre sans aucun engrais	57.300	»
	BETTERAVES A SUCRE.		
1.600	Engrais complet intensif n° 2...............	68.100	14.600
1.200	Engrais complet n° 2...	67.900	14.400
60.000	Fumier de ferme......	64 700	11.200
30.000	Fumier de ferme......	37.700	en perte.
»	Terre sans aucun engrais.	53,500	»
	M. Grandeau, à Nancy (Meurthe).		
1.800	Engrais complet intensif n° 2...............	69.700	19.420
1.650	Engrais complet n° 2...	58.950	8.670
»	Terre sans aucun engrais	50.280	»
	M. Bologne, à Schrémange (Moselle).		
1.200	Engrais complet n° 2...	68.100	12.300
66.000	Fumier de ferme......	61.500	5.700
»	Terre sans aucun engrais	55.800	»
	M. Baüer, à Cattenom (Moselle).		
1.200	Engrais complet n° 2...	66.000	30.000
75.000	Fumier de ferme......	42 000	6.000
»	Terre sans aucun engrais	36.000	»
	M. Warren, colonie de Mettray (Indre-et-Loire).		
500	Engrais complet n° 2..	65.000	20.750
»	Terre sans aucun engrais	44.250	»
	Société d'agriculture d'Arras.		
1.600	Engrais complet intensif n° 2...............	63.600	22.200
60.000	Fumier de ferme......	60.500	19.100
30.000	Fumier de ferme......	58.200	16.800
	Terre sans aucun engrais	41.400	»
	M. Verlat-Carlier, Visé-les-Liége (Belgique).		
1.600	Engrais complet intensif n° 2...............	61.500	31.500
»	Terre sans aucun engrais	30.000	»

Kilogr.		Rendements par hectare.	Excédant sur la terre sans aucun engrais.
	M. Hourier, à Kremrich (Moselle).		
1.600	Engrais complet intensif n° 2...............	60.000	40.000
50.000	Fumier de ferme......	39.600	19.600
»	Terre sans aucun engrais	20.000	»
	M. de Larevanchère, à Villegast (Charente).		
1.200	Engrais complet n° 2...	60.200	51.600
60.000	Fumier de ferme......	36.200	27.600
30.000	Fumier de ferme......	34.000	25.400
»	Terre sans aucun engrais	8.600	»
	M. Cavallier, au Mesnil-Saint-Nicaise (Somme).		
1.700	Engrais complet intensif.	60.000	»
60.000	Fumier de ferme......	28.000	»
	M. Motel, à Compiègne (Oise).		
1.200	Engrais complet n° 2..	59.900	8.000
60.000	Fumier de ferme......	37.900	en perte
30.000	Fumier de ferme......	44.900	en perte
»	Terre sans aucun engrais	51.900	»
	M. Liedekerke, à Bruxelles (Belgique).		
	BETTERAVES JAUNES.		
1.200	Engrais complet n° 2...	59.892	»
»	Fumier de ferme......	53.647	»
	M. Ch. de Hédouville, à Saint-Dizier (Haute-Marne).		
1.200	Engrais complet n° 2...	59.600	8.800
»	Terre sans aucun engrais	50.800	»
	M. Godefroy, à Châteauroux (Indre).		
1.200	Engrais complet n° 2...	60.620	12.327
»	Terre sans aucun engrais	48.293	»
	M. Cail, à la Briche (Indre-et-Loire).		
1.200	Engrais complet n° 2...	65.000	»
60.000	Fumier de ferme......	67.500	»
30.000	Fumier de ferme......	55.000	»
	Mme Chenu mère, au Coteau, par Metrai-sur-Yèvre (Cher).		
1.200	Engrais complet n° 2...	60.000	»

MOYENNE DES RENDEMENTS.

1.335 kilogr.	*Engrais complet n° 2.*	63.507 kilogr.
50.058 »	*Fumier de ferme...*	49.900 »
	Excédant en faveur de l'engrais chimique.........	13.607 »

Troisième série.

De 50.000 *à* 60.000 *kilogr. de racines par hectare.*

SOCIÉTÉ D'AGRICULTURE, à Compiègne (Oise).

Kilogr.		Rendements par hectare.	Excédant sur la terre sans aucun engrais.
1.200	Engrais complet.......	59.900	8.200
1.600	Engrais complet intensif.	51.700	»
60.000	Fumier de ferme......	37.900	en perte.
30.000	Fumier de ferme......	44.900	en perte.
»	Terre sans aucun engrais	51.700	»
	M. GEORGES, à Hargival (Aisne).		
1.600	Engrais complet intensif n° 2..............	58.560	24.934
60.000	Fumier de ferme......	49.690	16.060
30.000	Fumier de ferme......	42.460	8.830
»	Terre sans aucun engrais	33.630	»
	M. DE GUAITA, à Nancy (Meurthe).		
1.600	Engrais complet intensif n° 2..............	57.662	36.831
60.000	Fumier de ferme......	24.046	3.215
»	Terre sans aucun engrais	20.831	»
	M. CRÉPIN (1), à Noyelles (Nord).		
1.750	Engrais complet intensif n° 2..............	55.100	12.600
1.200	Engrais complet.......	56.100	13.600
»	Terre sans aucun engrais	42.500	»
	M. CHAVÉE-LEROY, à Clermont-les-Fermes (Aisne).		
1.600	Engrais complet intensif n° 2..............	56.440	24.940
1.200	Engrais complet n° 2...	50.080	18.580

(1) Ces trois parcelles avaient reçu du fumier de ferme.

Kilogr.		Rendements par hectare.	Excédant sur la terre sans aucun engrais.
40.000	Fumier et écumes de défécations.........	47.300	15.800
»	Terre sans aucun engrais	31.500	»
	M. de Hédouville, à Saint-Dizier (Haute-Marne).		
1.800	Engrais complet intensif n° 2................	55.600	4.800
44.000	Fumier de ferme.......	52.400	1.600
»	Terre sans aucun engrais	50.800	»
	Société d'agriculture de Melun. Ferme de Villaroche (Seine-et-Marne).		
1.129	Engrais complet intensif n° 2...	55.010	10.266
50.000	Fumier de ferme......	43.569	»
	Terre sans aucun engrais	44.744	»
	M. Retaillon, à la Colette (Maine-et-Loire).		
1.300	Engrais complet intensif n° 2................	55.000	»
»	Fumier de ferme.......	32.000	»
	M. Cavallier, au Mesnil-Saint-Nicaise (Somme.)		
1.700	Engrais complet.......	55.000	34.000
1.200	— —	52.500	31.500
1.200	— —	51.500	30.500
1.200	— —	50.700	29.700
60.000	Fumier de ferme.......	28.000	7.000
»	Terre sans aucun engrais	21.000	»
	M. Warren, Colonie de Mettray (Indre-et-Loire).		
500	Engrais complet........	55.050	10.800
»	Terre sans aucun engrais	44.250	»
	M. Cauchois, à Creil (Oise).		
1.600	Engrais complet intensif n° 2...............	55.700	24.200
1.200	Engrais complet.......	47.600	16.100
»	Terre sans aucun engrais	31.500	»
	M. Gromier, à Lyon (Rhône).		
1.200	Engrais complet.......	55.000	»
»	Fumier de ferme......	25.000	»

M. Godefroy, à Châteauroux (Indre).

Kilogr.		Rendements par hectare.	Excédant sur la terre sans aucun engrais.
1.600	Engrais complet intensif nº 2	54.650	6.357
800	Autre engrais chimique.	57.076	6.783
»	Terre sans aucun engrais	48.293	»

M. Poncelet, à Douzy (Ardennes).

1.200	Engrais complet nº 1..	53.000	12.000
104.000	Fumier d'écurie.	48.000	7.000
80.000	Fumier d'étable.	54.000	13.000
100.000	Fumier de mouton.	50.000	9.000
88.000	Fumier mélangé.	42.500	1.500
	Terre sans aucun engrais	41.000	»

M. Boursier, à Chevrières (Oise).

1.600	Engrais complet intensif.	52.600	16.600
60.000	Fumier de ferme	48.300	12.300
30.000	Fumier de ferme.	43.000	7.000
»	Terre sans aucun engrais	36.000	»

M. Pluchet, au Coudray (Seine-et-Oise).

1.200	Engrais complet.	50.000	»
35.000	Fumier.	40.000	»

M. Motel, à Compiègne (Oise).

1.600	Engrais complet intensif nº 2.	51.700	»
60.000	Fumier de ferme	37.900	»

M. Goussard, château de Haut-Brizay (Indre-et-Loire).

1.400	Engrais complet intensif nº 2.	51.500	»
»	Fumier de mouton	55.600	»
»	Fumier de vache.	43.600	»
»	Fumier de cheval.	42.800	»
»	Fumier de porc.	46.000	»

M. Jacotin, à Rethel (Ardennes).

1.200	Engrais complet.	55.355	»
1.200	Engrais complet nº 2.	50.655	»
»	Fumier de ferme.	45 140	»

M. Teyssier des Farges, à Beaulieu (Seine-et-Marne).

Kilogr.		Rendements par hectare.	Excédant sur la terre sans aucun engrais.
1.200	Engrais complet n° 2...	54.360	19.750
60.000	Fumier de ferme......	42.280	7.670
»	Terre sans aucun engrais	34.610	»

M. Belin, à Brie-Comte-Robert (Seine-et-Marne).

1.600	Engrais complet intensif n° 2...............	54.800	»
1.600	Engrais complet intensif n° 2...............	52.060	»

M. Robert, à Mont-Saint-Martin.

1.300	Engrais complet n° 2..	52.300	»
30.000	Fumier de ferme suivi d'un parcage.........	60.600	»

M. Pilat, à Brebières (Pas-de-Calais).

1.600	Engrais complet intensif n° 2...............	52.000	6.200
1 200	Engrais complet n° 2..	52.300	6.500
60.000	Fumier de ferme......	49.700	3.900
30.000	Fumier de ferme......	49.200	3.400
»	Terre sans aucun engrais	45.800	»

M. Triboulet, à Arsainvilliers (Oise).

1.600	Engrais complet intensif.	50.000	24.700
»	Terre sans aucun engrais	25.300	»

MOYENNE DES RENDEMENTS.

1.362 kilogr.	*Engrais chimique..*	53.673	kilogr.
55.045 »	*Fumier de ferme...*	43.670	»
	Excédant en faveur de l'engrais chimique..........	10.003	»

Quatrième série.

Rendements compris entre 40.000 et 50.000 kilogr. de racines par hectare.

M. Floner, à Metzeresch (Moselle).

1.200	Engrais complet n° 2...	49.500	32.100
75.000	Fumier de ferme......	33.000	15.600
»	Terre sans aucun engrais	17.400	»

Kilogr.		Rendements par hectare.	Excédant sur la terre sans aucun engrais.
	M. Lehoult, à Saint-Quentin (Aisne).		
800	Engrais complet n° 1...	48.600	»
»	Fumier et déchets gras..	27.800	»
	M. Fiévet, à Masny (Nord).		
1.600	Engrais complet intensif n° 2...............	48.048	»
62.000	Fumier ou purin......	51.550	»
	M. Hubert, à Frethun (Pas-de-Calais).		
1.200	Engrais complet n° 2...	48.000	»
»	Fumier de ferme......	48.000	»
	M. Schlesser, à Hettange-la-Grande (Moselle).		
1.200	Engrais complet n° 2...	48.000	21.000
120 000	Fumier de ferme.......	39.000	12.000
»	Terre sans aucun engrais	27.000	»
	M. Butteux, à Saint-Quentin (Aisne).		
1.600	Engrais complet intensif n° 2...............	48.000	»
1.200	Engrais complet n° 2..	43.000	»
60.000	Fumier et guano.......	40.000	»
	M. Cavallier, au Mesnil-Saint-Nicaise (Somme).		
600	Engrais complet.......	48.000	27.000
1.200	— —	47.500	26.500
600	— —	45.000	24.000
1.700	— —	45.000	24.000
1.700	— —	44.000	23.000
1.200	— —	44.000	23.000
600	— —	42.000	21.000
1.200	— —	40.500	19.500
1.700	— —	40.000	19.000
60.000	Fumier de ferme......	28.000	7.000
»	Terre sans aucun engrais	21.000	»
	M. de Hédouville, à Saint-Dizier (Haute-Marne).		
1.800	Engrais complet intensif.	48.000	14.000
1.200	Engrais complet.......	44.000	10.000
51.100	Fumier de ferme......	40.000	6.000
38.500	— —	38.000	4.000
11.620	— —	34.000	»
»	Terre sans aucun engrais	34.000	»

Kilogr.		Rendements par hectare.	Excédant sur la terre sans aucun engrais.
	M. Boursier, à Chevrière (Oise).		
1.200	Engrais complet.......	47,900	11.900
30.000	Fumier de ferme......	43.000	7.000
»	Terre sans aucun engrais	36.000	»
	M. Huin, à Bachy (Nord).		
1.380	Engrais complet intensif n° 2...............	47.200	»
»	Fumier et 1.660 kilogr. de tourteau.........	30.500	»
	M. Huwaert, à Piéton (Belgique).		
800	Engrais complet n° 2...	47.000	17.000
»	Terre sans aucun engrais	30.000	»
	M. Méro, à Cannes (Alpes-Maritimes).		
1.600	Engrais complet intensif n° 2...............	46.700	22.400
1.200	Engrais complet n° 2...	42.500	18.200
30.000	Fumier de ferme......	38.900	14.600
»	Terre sans aucun engrais	24.300	»
	M. le marquis d'Havrincourt, à Havrincourt (Pas-de-Calais).		
1.200	Engrais complet n° 2...	45.379	»
34.800	Fumier de ferme......	35.867	»
	M. Matte, à Œutrange (Moselle).		
1.200	Engrais complet n° 2 ..	45.300	5.700
48.000	Fumier de ferme......	42.900	3.300
»	Terre sans aucun engrais	39.600	»
	M. Mosneron-Dupin, à Nantes (Loire-Inférieure).		
	BETTERAVES CHAMPÊTRES.		
1.240	Engrais complet intensif n° 2...............	44.600	»
60.000	Fumier de ferme......	38.300	»
	BETTERAVES A SUCRE.		
1.600	Engrais complet intensif n° 2...............	43.400	»
60.000	Fumier de ferme	37.200	»
	Compagnie sucrière, à Poix (Somme).		
1.200	Engrais complet n° 2 ..	44.446	8.013
»	Terre sans aucun engrais	36.433	»

Kilogr.		Rendements par hectare.	Excédant sur la terre sans aucun engrais.
	M. Crépin, à Proville (Nord).		
1.750	Engrais complet intensif n° 2...............	44.000	14.000
1.200	Engrais complet........	42.000	12 000
»	Terre sans aucun engrais	30.000	»
	M. Simon, à Garsche (Moselle).		
1.200	Engrais complet n° 2...	43.500	4.500
60.000	Fumier de ferme......	41.400	2.400
»	Terre sans aucun engrais	39 000	»
	M. Baroux, à Digeon (Somme).		
1.600	Engrais complet intensif n° 2...............	43.404	»
1.200	Engrais complet n° 2..	41.011	»
46.200	Fumier de ferme......	21.916	»
40.500	Fumier de ferme......	22.444	»
90.000	Fumier de ferme......	24.443	»
	M. Dudouy, à Soissons (Aisne).		
1.600	Engrais complet intensif n° 2...............	43.000	34.400
30.000	Fumier de ferme......	28.400	19.800
»	Terre sans aucun engrais.	8.600	»
	M. Vion, à Lœuilly (Somme).		
870	Engrais complet n° 2...	42.873	3.293
20.000	Fumier de ferme......	49.325	9.745
»	Terre sans aucun engrais.	39.580	»
	M. Quilloteaux, à Mormant (Seine-et-Marne).		
1.600	Engrais complet intensif n° 2...............	47.619	11.905
1.200	Engrais complet n° 2..	42.857	7.143
33.000	Fumier de ferme......	29.914	en perte.
»	Terre sans aucun engrais.	35.714	»
	M. le marquis d'Havrincourt, à Havrincourt (Pas-de-Calais).		
1.200	Engrais complet n° 2...	42.672	»
33.000	Fumier de ferme......	29.914	»
	M. Clocheret, à Erzange (Moselle).		
1.200	Engrais complet n° 2..	42.600	18.000

Kilogr.		Rendements par hectare.	Excédant sur la terre sans aucun engrais.
60.000	Fumier de ferme......	33.600	9.000
»	Terre sans aucun engrais	24.600	»
	M. Bertin, à Montenach (Moselle).		
1.200	Engrais complet n° 2...	42.000	30.000
40.500	Fumier de ferme......	22.200	10.200
»	Terre sans aucun engrais	12.000	»
	M. Lebel, à Chevickey (Haute-Marne).		
1.200	Engrais complet n° 2...	42.000	»
40.000	Fumier de ferme......	40.000	»
	M. Ménard et Ce, à Solesmes (Nord).		
1.200	Engrais complet n° 2...	42.000	6.000
»	Terre sans aucun engrais.	36.000	»
	M. Nels, à Haute-Yutz (Moselle).		
1.600	Engrais complet intensif n° 2...............	42.000	»
1.200	Engrais complet n° 2..	38.000	»
70.000	Fumier de ferme......	34.000	»
	M. Denoyon, à Blérancourt (Aisne).		
1.200	Engrais complet.......	41.000	19.300
»	Terre sans aucun engrais.	21.700	»
800	Engrais complet intensif n° 2..............	45.000	24.000
1.600	Engrais complet intensif n° 2..............	44.000	23.000
1.200	Engrais complet n° 2...	41.000	20.000
»	Terre sans aucun engrais	21.000	»
	M. Warnier de la Tour, à Blérencourt (Aisne).		
1.200	Engrais complet n° 2...	41.400	19.700
»	Terre sans aucun engrais.	21 700	»
	M. le marquis de Virieu, à Pupetière (Isère).		
600	Engrais complet n° 2...	41.000	12.000
36.000	Fumier de ferme......	40.950	11.950
»	Terre sans aucun engrais.	29.000	»
	M. Rogier, à Beaulon (Allier).		
1.200	Engrais complet n° 2...	40 300	»
60.000	Fumier avec chaulage..	42.500	»

Kilogr.		Rendements par hectare.	Excédant sur la terre sans aucun engrais.
	M. Vilin, à Buchoire (Oise).		
1.200	Engrais complet n° 2...	40.000	10.000
»	Terre sans aucun engrais.	30.000	»
	M. Petit, à Verfmontins (Seine-et-Marne).		
1.200	Engrais complet n° 2...	40.000	»
»	Fumier de ferme.	50.000	»
	M. Maravange, au Châtelet-en-Berry (Cher).		
1.600	Engrais complet.......	40.000	»
50.000	Fumier de ferme......	25.000	»
	M. de Gillès, à Saulchoix-Clairy (Somme).		
1.600	Engrais complet intensif.	40.000	20.000
40.000	Fumier de ferme......	40.000	20.000
	Terre sans aucun engrais	20.000	»
	M. Debains, à Saint-Remi (Seine-et-Oise).		
1.600	Engrais complet intensif.	40.000	»
	Fumier de ferme......	37.500	»
	M. Grenouillet, à Pruniers (Indre).		
1.200	Engrais complet n° 2..	40.000	»
34.000	Fumier de ferme......	25.000	»
	M. Chevalier, à Francières (Oise).		
1.600	Engrais complet intensif	40.000	19.000
30.000	Fumier de ferme.......	30.000	9.000
»	Terre sans aucun engrais	21.000	»
	M. Houel, à la Normanderle (Orne).		
1.600	Engrais complet intensif n° 2................	48.490	»
1.200	Engrais complet n° 2..	42.795	»
45.000	Fumier de ferme, 300 k. guano..............	27.170	»
	M. Schmid, à Saint-Etienne-de-Chigny (Indre-et-Loire).		
1.200	Engrais complet n° 2..	40.000	40.000
	Terre sans engrais.....	nul.	»

MOYENNE DES RENDEMENTS.

1.274 kilogr.	*Engrais chimique....*	43.640 kil.
47.521 »	*Fumier de ferme....*	34.784 »
Excédant en faveur de l'engrais chimique............................		8.856 kil

Cinquième série.

Rendements compris entre 30.000 *et* 40.000 *kilogr. de racines par hectare.*

M. Pluchet, à Trappes (Seine-et-Oise).

Kilogr.		Rendements par hectare.	Excédant sur la terre sans aucun engrais.
1.600	Engrais complet intensif n° 2..............	39.580	11.025
45.000	Fumier de ferme......	56.764	28.209
	Terre sans aucun engrais	28.555	»

M. Dusanter, à Saint-Quentin (Aisne).

1.200	Engrais complet n° 2..	39.353	19.956
1.600	Engrais complet intensif n° 2..............	34.282	14.885
40.000	Fumier de ferme......	28.144	8.747
	Terre sans aucun engrais	19.397	»

M. Debailly, à Mèzières en Santerre (Somme).

1.600	Engrais complet intensif n° 2..............	39.200	23.200
40.000	Fumier de ferme......	30.300	14.300
	Terre sans aucun engrais	16.000	»

M. Rehm, à Basse-Yutz (Moselle).

1.600	Engrais complet intensif n° 2..............	38.500	10.500
1.200	Engrais complet n° 2..	35.425	7.425
	Terre sans aucun engrais	28.000	»

M. Baroux, à Digeon (Somme).

1.600	Engrais complet intensif n° 2..............	38.470	30.445
1.200	Engrais complet n° 2..	36.270	28.245
90.000	Fumier de ferme......	24.445	16.420
40.500	Fumier de ferme......	22.444	14.419
46.200	Fumier de ferme......	21.916	13.891
	Terre sans aucun engrais	8.025	»

M. Grenouillet, à Pruniers (Indre).

1.200	Engrais complet n° 2..	40.000	»
34.000	Fumier.............	25.000	»
1.200	Engrais complet n° 2..	38.000	»
34.000	Fumier de ferme......	38.000	»

Kilogr.		Rendements par hectare.	Excédant sur la terre sans aucun engrais.
1.200	Engrais complet n° 2...	36.000	»
34.000	Fumier de ferme......	28.000	»
	M. CAVALLIER, au Mesnil-Saint-Nicaise (Somme).		
600	Engrais complet	38.000	17.000
600	— —	35.000	14.000
1.700	— —	30.000	9.000
600	— —	30.000	9.000
60.000	Fumier de ferme	28.000	7.000
»	Terre sans aucun engrais	21.000	»
	M. DE HÉDOUVILLE, à Saint-Dizier (Haute-Marne).		
1.800	Engrais complet intensif	37.600	6.600
1.200	Engrais complet.......	30.900	100
23.240	Fumier de ferme	29 300	en perte.
11.620	— —	30.500	en perte.
»	Terre sans aucun engrais	30.800	»
	M. CHEVALIER, à Francières (Oise).		
1.200	Engrais complet.......	36.600	15.000
30.000	Fumier de ferme......	30.000	9.000
»	Terre sans aucun engrais	21.000	»
	M. GENERMOND, au Mesnil-Saint-Nicaise (Somme).		
1.600	Engrais complet intensif n° 2...............	37.740	»
1.200	Engrais complet n° 2..	33.500	»
	Rendement moyen avec le fumier............	20.000	»
	M. AUGÉ-COLLIN, à Gevigny (Haute-Saône).		
1.200	Engrais complet n° 2...	38.000	»
»	Fumier de ferme	30.000	»
	SOCIÉTÉ D'AGRICULTURE DE NICE, à Nice (Alpes-Maritimes).		
	PETITES BETTERAVES COMESTIBLES.		
1.200	Engrais complet n° 2..	35.650	27.000
60.000	Fumier de ferme.......	10.950	2.000
30.000	Fumier de ferme......	14.550	5.600
»	Terre sans aucun engrais	8.950	»
	M. VUAFLART, à Caumont (Aisne).		
620	Engrais complet n° 2...	37.220	9.845

Kilogr.		Rendements par hectare.	Excédant sur la terre sans aucun engrais.
1.600	Engrais complet intensif n° 2.	34.820	6.445
»	Terre sans aucun engrais	27.375	»
	M. Caribaux, à Estrées Deniecourt (Somme).		
1.200	Engrais complet n° 2...	35.000	»
»	Rendement moyen dans la contrée	26.000	»
	M. Tonnelier, à Gournay (Oise).		
1.600	Engrais complet intensif	35.200	20.200
1.200	Engrais complet	35 000	20.000
30.000	Fumier de ferme	25.900	10.900
»	Terre sans aucun engrais.	15 000	»
	M. Caillet, à la Normanderie (Orne).		
1.600	Engrais complet intensif.	35 220	»
1.200	Engrais complet	34 665	»
60.700	Fumier de ferme	31.690	»
	M. Triboulet, à Assainvilliers (Oise).		
1.200	Engrais complet	34.800	9.500
»	Terre sans aucun engrais	25.300	»
	M. Rolland, ferme de Saint-Bon (Haute-Marne).		
1.600	Engrais complet intensif n° 2	34.500	25.900
40.000	Fumier de ferme	42.000	33.400
»	Terre sans aucun engrais	8.600	»
	M. Chenu, au coteau par Metrai-sur-Yèvre (Cher).		
1.200	Engrais complet n° 2...	33.540	»
»	Fumier et chaulage	40.000	»
	M. Vérel, à Langevinière (Sarthe).		
1.200	Engrais complet n° 2 ..	32.400	»
»	Fumier de ferme	31.200	»
	M. Dudoüy, près Soissons (Aisne).		
1.200	Engrais complet n° 2...	31.000	28.800
30.000	Fumier de ferme	28.400	26.200
»	Terre sans aucun engrais	2.200	»
	M. Warnier de la Tour, à Blérancourt (Aisne).		
1.600	Engrais complet intensif n° 2	37.700	16.000
»	Terre sans aucun engrais	21.700	»

Kilogr.		Rendement par hectare.	Excédant sur la terre sans aucun engrais
	M. le marquis DE VIRIEU, **à la Pupetière (Isère).**		
400	Engrais complet n° 2...	37.425	8.425
700	Engrais complet n° 2...	37.150	8.150
36.000	Fumier de ferme.......	40.950	11.950
»	Terre sans aucun engrais	29.000	»
	M. BELFORT, à Stuckange (Moselle).		
1.200	Engrais complet n° 2...	30.600	18.100
60.000	Fumier de ferme......	24.000	1.500
»	Terre sans engrais.....	22.500	»
	M. LAMESINE, à Revillon (Aisne).		
1.600	Engrais complet intensif n° 2..............	30.000	26.000
»	Fumier de ferme......	5.000	1.000
»	Terre sans aucun engrais	4.000	»
	M. PERIN, à Ranguevaux (Meurthe).		
1.200	Engrais complet n° 2...	30.600	»
60.000	Fumier de ferme......	25.000	»
»	Terre sans aucun engrais	21.000	»

MOYENNE DES RENDEMENTS.

1.255 kilogr.	*Engrais chimique...*	35.373	kilogr.
42.511 »	*Fumier de ferme...*	28.920	»
	Excédant en faveur de l'engrais chimique..........	6.453	»

Sixième série.

Rendements compris entre 20,000 *et* 30,000 *kilogr. de racines par hectare.*

	M. LERMONT, à Estrées-Deniécourt (Somme).		
1.200	Engrais complet.......	29.500	»
»	Rendement moyen de la contrée.............	26.000	»
	M. DUSANTER, à Saint-Quentin (Aisne).		
1.200	Engrais complet.......	28.735	»
»	Fumier de ferme......	28.735	»
	SOCIÉTÉ D'AGRICULTURE DU PAS-DE-CALAIS.		
1.600	Engrais complet intensif.	28.200	8.200
1.200	Engrais complet.......	28.200	8.200
60.000	Fumier de ferme.......	28.000	8.000

Kilogr.		Rendements par hectare.	Excédant sur la terre sans aucun engrais
30.000	Fumier de ferme.......	28.500	8.500
»	Terre sans aucun engr.	20.000	»
	M. Maître, à Châtillon-sur-Seine (Côte-d'Or).		
1.600	Engrais complet intensif.	27.400	12.200
1.200	Engrais complet.......	22.500	7.300
70.000	Fumier de ferme......	26.100	10.900
»	Terre sans aucun engrais	15.200	»
	M. Albert, à Renigen (Moselle).		
1.200	Engrais complet nº 2...	27.000	13.500
17.100	Fumier de ferme.......	17.400	3.900
»	Terre sans aucun engrais.	13.500	»
	M. Rolland, ferme de Saint-Bon (Haute-Marne).		
1.200	Engrais complet.......	26.500	17.900
40.000	Fumier de ferme......	28.000	19.400
»	Terre sans aucun engrais	8.600	»
	M. Vincent de S.-Bonnet, au château de Pollet (Ain).		
1.200	Engrais complet.......	26.100	»
»	Fumier de ferme......	30.500	»
	M. Buzy, à Woippy (Moselle).		
1.600	Engrais complet intensif.	25.570	25.570
»	Fumier de ferme	16.153	16.153
»	Terre sans aucun engrais	nul.	»
	M. Hées, à Entrange (Moselle).		
1.200	Engrais complet nº 2...	25.050	2.250
75.000	Fumier de ferme.......	23.400	600
»	Terre sans aucun engrais	22.800	»
	M. Lamesine, à Révillon (Aisne).		
1.200	Engrais complet.......	25 000	21.000
»	Fumier de ferme......	5.000	1.000
»	Terre sans aucun engrais	4.000	»
	M. Petit, à Condé (Nord).		
1.500	Engrais complet intensif.	25.000	»
70.000	Fumier de ferme et purin	15.000	»
	M. Buzy, à Woippy (Moselle).		
1.200	Engrais complet.......	24.230	24.230
»	Fumier de ferme......	16.153	16.153
»	Terre sans aucun engrais	nul.	»

M. LAINNÉ, à Braisne (Aisne).

Kilogr.		Rendements par hectare.	Excédant sur la terre sans aucun engrais.
1.200	Engrais complet n° 2...	24.000	»
35.000	Fumier de ferme........	30.000	»

M. MAUSSIER, à Saint-Étienne (Loire).

1.200	Engrais complet n° 2...	24.000	»

M. WADDINGTON, à Saint-Remy (Eure),

1.250	Engrais complet n° 2..	23.750	»

COMICE AGRICOLE DE VERVINS (Aisne).

1.200	Engrais complet........	23.200	23.200
»	Fumier de ferme......	26.500	26.500
»	Terre sans aucun engrais.	Nul.	

M. LE BARON DE GODIN, à Arville (Belgique).

1.200	Engrais complet.........	23.000	»
40 000	Fumier de ferme......	24.000	»

M. DROUIN, à Moyeure-Petite (Moselle).

1.200	Engrais complet n° 2...	22.500	11.400
60.000	Fumier de ferme.......	21.000	9.900
»	Terre sans aucun engrais.	11.100	»

M. DE BONAND, à Montigny (Allier).

1.200	Engrais complet........	22.100	»
»	Fumier de ferme......	31.720	»

M. RODICQ, à Elckange (Moselle).

1.200	Engrais complet n° 2...	21.600	19.800
45.900	Fumier de ferme......	16.200	14.400
»	Terre sans aucun engrais	1.800	»

M. VINCENT DE SAINT-BONNET, à Pollet (Ain).

1.600	Engrais complet intensif,	21.300	»
»	Fumier de ferme.......	30.500	»

M. LE COMTE DE DIESBACH DE GOUY, à Arras (Pas-de-Calais).

1.200	Engrais complet.......	18.250	5.500
1.600	Engrais complet intensif.	18.150	5.400
60.000	Fumier de ferme......	25.000	12.250
30.000	Fumier de ferme......	22.800	10.050
»	**Terre sans aucun engrais.**	**12.750**	»

MOYENNE DES RENDEMENTS.

1.294 kilogr.	*Engrais chimiques.*	24 433 kilogr.
48.692 »	*Fumier de ferme..*	23.453 »
Excédant en faveur de l'engrais chimique.....................		980 kilogr.

RÉCAPITULATION DES RÉSULTATS OBTENUS SUR LA BETTERAVE.

	ENGRAIS CHIMIQUE.		FUMIER DE FERME.	
	ENGRAIS.	RÉCOLTE.	FUMIER.	RÉCOLTE.
	kilogr.	kilogr.	kilogr.	kilogr.
1re série...	1.441	91.064	60.071	70.142
2e série...	1.335	63.507	50.058	49.900
3e série...	1.362	53.673	55.045	43.670
4e série...	1.274	43.640	47.521	34.784
5e série...	1.255	35.373	42.511	28.920
6e série...	1.294	24.433	48.692	23.453

MOYENNE GÉNÉRALE.

1.326 kilogr. d'engrais chimique ont produit...........	51.948 kil.
50.650 kilogr. de fumier de ferme...	41.811 —
Excédant en faveur de l'engrais chimique...........	10.137 kil.

APPENDICE.

Septième série.

Culture mixte au fumier de ferme et aux engrais chimiques.

M. DE FANTBOA, à Fumal (Belgique).

Kilogr.		Rendements par hectare.	Excédant sur la terre sans aucun engrais.
»	Engrais chimique et fumier.................	90.000	»
»	Fumier de ferme.......	57.000	»

M. CAIL, à la Briche (Indre-et-Loire).

900	Engrais complet.......	64.000	»
30.000	Fumier de ferme......		
60.000	Fumier de ferme........	67.500	»
30.000	Fumier de ferme.......	55.000	»

Kilogr.		Rendements par hectare.	Excédant sur la terre sans aucun engrais.
M. Belin, à Brie-Comte-Robert (Seine-et-Marne).			
800	Engrais complet........	63.770	»
40.000	Fumier de ferme......		
M. Fiévet, à Masny (Nord).			
800	Engrais complet.......	61.162	»
50.000	Fumier de ferme......		
62.000	Fumier de ferme.......	51.550	»
M. Tétard, à Montières (Seine-et-Oise).			
»	Engrais complet intensif.	55.813	»
25.000	Fumier de ferme.......		
60.000	Fumier de ferme.........	38.372	»
25.000	Fumier de ferme.......	29.069	»
M. Belin, à Brie-Comte-Robert (Seine-et-Marne).			
800	Engrais complet intensif.	55.600	»
40.000	Fumier de ferme.......		
M. Tétard, à Montières (Seine-et-Oise).			
»	Engrais complet.......	55.232	»
25.000	Fumier de ferme......		
60.000	Fumier de ferme.......	38.372	»
25.000	Fumier de ferme.......	29.069	»
M. Lehoult, à Saint-Quentin (Aisne).			
600	Engrais complet.......	50.400	»
»	Fumier de ferme......		
»	Rendement moyen du pays................	28.000	»
M. de Gillès, à Saulchoix-Clary (Somme).			
600	Engrais complet n° 2...	50.000	30.000
»	Fumier de ferme.......		
40.000	Fumier de ferme.......	40.000	20.000
»	Terre sans aucun engrais.	20.000	»
M. de Hédouville, à Saint-Dizier (Haute-Marne).			
600	Engrais complet.......	49.500	11.000
10.000	Fumier de ferme.......		
44.000	Fumier de ferme.......	52.400	13.900
33.000	Id.	48.200	9.700
22.000	Id.	51.600	13.100
20.000	Id.	50.500	12.000
»	Terre sans aucun engrais.	38.500	»

Kilogr.		Rendements par hectare.	Excédant sur la terre sans aucun engrais.
Société d'agriculture de Melun (Seine-et-Marne).			
322	Engrais complet.......	48.937	4.193
25.000	Fumier de ferme.......		
50.000	Fumier de ferme........	43.569	en perte.
»	Terre sans aucun engrais.	44.744	
M. **Cail**, à la Briche (Indre-et-Loire).			
900	Engrais complet	48.500	»
30.000	Fumier de ferme....		
60.000	Fumier de ferme......	35.000	»
M. **Chavée-Leroy**, à Clermont-les-Fermes (Aisne).			
450	Engrais complet......	47.300	15.800
40.000	Fumier de ferme......		
»	Terre sans aucun engrais	31.500	»
M. **le marquis d'Havrincourt**, à Havrincourt (Pas-de-Calais).			
1.200	Engrais complet......	45.379	»
34.800	Fumier de ferme.....		
34.800	Fumier de ferme......	35.867	»
M. **Boucher**, à Mont-Duloc (Aisne).			
700	Engrais complet	43.000	»
25.000	Fumier de ferme....		
50.000	Fumier de ferme.	30.000	»
M. **le marquis d'Havrincourt**, à Havrincourt (Pas-de-Calais).			
1.200	Engrais complet.....	42.672	»
33.000	Fumier de ferme ...		
33.000	Fumier de ferme.	29.914	»
M. **Delbrassine**, au château de Fay (Somme).			
400	Engrais complet......	42.500	»
50.000	Fumier de ferme.....		
50.000	Fumier de ferme......	32 500	»
M. **Debains**, à Saint-Remi (Seine-et-Oise).			
»	Engrais complet intensif	42.500	»
»	Fumier de ferme		
»	Fumier de ferme... ...	37.500	»

Kilogr.		Rendements par hectare.	Excédant sur la terre sans aucun engrais.
	M. Maravange, au Châtelet (Cher).		
	Engrais complet……..	40.000	»
50.000	Fumier de ferme……		
50.000	Fumier de ferme…….	25.000	»
	M. Genermont, au Mesnil-Saint-Nicaise (Somme).		
400	Engrais complet……. Fumier mis en septembre	38.110	»
400	Engrais complet……. Fumier mis en février..	36.240	»
	Rendement moyen du pays……………..	20.000	»
	M. Baroux, à Digeon (Somme).		
500	Engrais complet……	33.568	»
46.200	Fumier de ferme……		
46.200	Fumier de ferme…….	21.916	»

LA POMME DE TERRE.

Première série.

Rendements compris entre 30.000 *et* 50.000 *kilogr. ou* 460 *et* 770 *hect. de tubercules par hectare.*

Kilogr.		Rendement à l'hectare. Kilogr.	Excédant sur la terre sans aucun engrais. Kilogr.
	M. Dagincourt, à Saint-Amand, (Cher).		
1.200	Engrais complet n° 5..	50.000	»
»	Rendement moyen dans la contrée avec fumier…………..	12.000	»
	M. Barbanson, à Bruxelles (Belgique).		
600	Engrais complet…….	47.600	»
	M. Camoin, à Marseille (Bouches-du-Rhône).		
900	Engrais complet n° 3…	46.000	»
1.000	Engrais complet n° 3…	43.000	»
1.000	Engrais complet n° 3…	43.000	»
1.000	Engrais complet n° 3…	40.000	»
1.000	Engrais complet n° 3…	39.500	»
	M. Motel, à Compiègne (Oise).		
1.600	Engrais complet intensif	44.300	7.800

Kilogr.		Rendement à l'hectare. Kilogr.	Excédant sur la terre sans aucun engrais. Kilogr.
1.200	Engrais complet.......	40.300	3.800
60.000	Fumier de ferme.....	51.100	14.600
30.000	Fumier de ferme.......	40.300	3.800
»	Terre sans aucun engrais	36.500	»

M. Denoyon, à Blérancourt (Aisne).

1.300	Engrais complet.......	36.500	16.000
1.700	Engrais complet intensif	30.000	9.500
60.000	Fumier de ferme.......	20.000	en perte
	Terre sans aucun engrais	20.500	»

M. Cossombier, à Chanteheux (Meurthe).

1.000	Engrais complet.......	33.510	17.310
»	Terre sans aucun engrais	16.200	»

M. Marcou, à Troussas (Seine-et-Oise).

1.200	Engrais complet.......	35.000	11.200
1.000	Engrais complet.......	30.000	6.200
»	Terre sans aucun engrais	23.800	»

M. Bougon, à Noyon (Oise).

750	Engrais complet.......	31.000	10.445
27.000	Fumier de ferme......	22.777	2.222
»	Terre sans aucun engrais	20.555	»

M. Chevalier, à Francière (Oise).

1.600	Engrais complet intensif	30.900	4.900
30.000	Fumier de ferme......	30.700	4.700
»	Terre sans aucun engrais	26.000	»

M. Jean, à Roquevaire (Bouches-du-Rhône).

1.200	Engrais complet n° 3..	30.000	»
50.000	Fumier de ferme.......	20.000	»

MOYENNE DES RENDEMENTS.

		Rendement par hectare Kilogr.	Hectol.
1.132	Engrais complet.......	38.271	588
42.833	Fumier de ferme.......	30.812	474
	Excédant en faveur de l'engrais chimique..	7.459	114

Deuxième série.

Rendements compris entre 20.000 *et* 30.000 *kilogr. ou* 307 *et* 460 *hect. de tubercules à l'hectare.*

Kilog.		Rendement à l'hectare. Kilogr.	Excédant sur la terre sans aucun engrais. Kilogr.
	M. Jourdain, à Felletin (Creuse).		
1.200	Engrais complet.......	28.719	»
»	Fumier de ferme.......	17.673	»
	M. Denoyon, à Blérancourt (Aisne).		
1.100	Engrais complet.......	28.500	8.000
60.000	Fumier de ferme.......	20.000	en perte
»	Terre sans aucun engrais	20.500	»
	M. Rejaunier, à Cublize (Rhône).		
1.200	Engrais complet.......	27.000	»
50.000	Fumier de ferme.......	20.000	»
	M. Larpin, à Roclès (Allier).		
1.000	Engrais complet.......	26.000	10.000
»	Terre sans aucun engrais	16.000	»
	M. Baroux, à Digeon (Somme).		
1.200	Engrais complet.......	25.482	13.859
1.200	Engrais complet.......	25.156	13.533
50.000	Fumier de ferme.......	22.019	10.396
»	Terre sans aucun engrais	11.623	»
	M. Durand-Missècle, à Missècle (Tarn).		
500	Engrais complet.......	25.200	»
40.000	Fumier de ferme.......	15.840	»
	M. Mohr, à Ribécourt (Oise).		
1.000	Engrais complet.......	25.000	8.000
»	Terre sans aucun engrais	17.000	»
	M. Fonvieille, à Landuzière (Oise).		
1.000	Engrais complet n° 3..	24.250	»
10.000	fumier de cheval et de latrines............	20.160	»
	M. de Riberolles, au château de Ravel (Puy-de-Dôme).		
1.200	Engrais complet n° 3..	24.000	»
40.000	Fumier de ferme.......	20.000	»

M. Pagnoul, à Arras (Pas-de-Calais).

Kilogr.		Rendement à l'hectare. Kilogr.	Excédant sur la terre sans aucun engrais. Kilogr.
1.000	Engrais complet n° 3...	23.400	»
30.000	Fumier de ferme.......	16.950	»

M. de Matharel, au Chéry (Puy-de-Dôme).

1 000	Engrais complet n° 2...	22.700	8.400
»	Terre sans aucun engrais	14.300	»

MM. Dufour et Figarol, à Epinal (Vosges).

1.100	Engrais complet n° 2...	21.450	11.180
»	Terre sans aucun engrais	10.270	»

M. Gromier, à Lyon (Rhône).

1.000	Engrais complet.......	21.000	»
20.000	Fumier de ferme.......	nul.	»

M. Villerand, à Maison-Neuve (Dordogne).

1.130	Engrais complet n° 3...	20.255	»

M. de Matharel, au Chéry (Puy-de-Dôme).

1.000	Engrais complet n° 2...	20.500	5.400
»	Terre sans aucun engrais	15.100	»

Moyenne des rendements.

		Rendement par hectare. kilogr.	hect.
1.051	Engrais complet......	24.288	373
37.500	Fumier de ferme.....	16.871	259
	Excédant en faveur de l'engrais chimique..	7 417	114

Troisième série.

Rendements compris entre 15.000 *et* 20.000 *kilogr.* 230 *et* 307 *hectol. de tubercules par hectare.*

MM. Dufour et Figarol, à Épinal (Vosges).

1.600	Engrais complet intensif.	19.955	9.685
»	Terre sans aucun engrais	10.270	»

M. Nyssens, à Anvers (Belgique).

1.500	Engrais complet intensif n° 3...............	19.250	»

Kilogr.		Rendement à l'hectare. Kilogr.	Excédant sur la terre sans aucun engrais. Kilogr.
2.000	Engrais complet intensif n° 3	18.500	»
1.000	Engrais complet n° 3	16.000	»
40.000	Fumier et cendres de tourbes	6.000	»
20.000	Fumier et cendres de tourbes	1.200	»
	M. DE BEAUROYRE, à la Rigole (Dordogne).		
1.000	Engrais complet	19.200	12.200
38.000	Fumier de ferme	13.600	6.600
»	Terre sans aucun engrais	7.000	»
	M. le baron DAEL DE KOETH, à Sœrgenloch, près Mayence.		
1.000	Engrais complet n° 2	19.200	400
700	Engrais complet	17.000	en perte
»	Terre sans aucun engrais	18.800	»
	M. le comte DE LIEDEKERKE, à Bruxelles (Belgique).		
1.200	Engrais complet	18.450	»
50.000	Fumier de ferme	12.900	»
	M. DE NEYRIEU, au château de la Grive (Isère).		
1.000	Engrais complet n° 3	18.000	»
	M. DAMOISY, à Saint-Quentin (Aisne).		
1.200	Engrais complet	18.000	5.000
»	Terre sans aucun engrais	13.000	»
	M. le comte DE LAVAULX, à Villers-Agron (Aisne).		
1.300	Engrais complet	17.775	»
1.700	Engrais complet intensif	16.125	»
1.000	Engrais complet	16.875	»
	MM. DUFOUR et FIGAROL, à Épinal (Vosges).		
1.600	Engrais complet intensif	17.550	7.280
»	Terre sans aucun engrais	10.270	»
	M. ROZE, à Sens (Yonne).		
1.000	engrais complet	17.446	6.876
900	Engrais complet	18.564	7.994
900	Engrais complet	15.361	4.791
»	Terre sans aucun engrais	10.570	»

Société d'agriculture de Nice (Alpes-Maritimes).

Kilogr.		Rendement à l'hectare. Kilogr.	Excédant sur la terre sans aucun engrais. Kilogr.
800	Engrais complet.......	16.800	4.700
1.600	Engrais complet intensif	16.400	4.300
60.000	Fumier de ferme......	26.000	13.900
30.000	Fumier de ferme.......	18.400	6.300
»	Terre sans aucun engrais	12.100	»
	M. Villerand, à Maison-Neuve (Dordogne).		
1.090	Engrais complet n° 3...	16.640	»
	MM. Dufour et Figarol, à Épinal (Vosges).		
1.600	Engrais complet intensif.	16.426	6.156
»	Terre sans aucun engrais	10.270	»
	M. de Gillès, à Saulchoix-Clary (Somme).		
1.000	Engrais complet n° 3...	16.400	»
55.000	Fumier de ferme......	20.800	»
	M. de Solminihac, au château de Héniau (Finistère).		
550	Engrais complet.......	16.000	»
»	Rendement moyen du pays avec fumier....	12.000	»
	M. Grenouillet, à Pruniers (Indre).		
1.200	Engrais complet.......	16.000	»
	M. Dagincourt, à Saint-Amand (Cher).		
1.100	Engrais complet n° 2...	16.000	»
»	Rendement moyen du pays avec fumier....	11.000	»
	M. Borel, au château de Collex (Suisse).		
1.000	Engrais complet......	15.020	»
25.000	Fumier de ferme.......	20.470	»

MOYENNE DES RENDEMENTS.

		Rendements par hectare. Kilogr.	Hectol.
1.174	Engrais complet.......	17.266	265
39.750	Fumier de ferme......	14.921	229
	Excédant en faveur de l'engrais chimique.	2.345	36

Quatrième série.

Rendements compris entre 7,000 et 15,000 kilogr., ou 115 et 230 hectolitres de tubercules par hectare.

M. Bourcart, au château de Chatellier (Cher).

Kilogr.		Rendement à l'hectare. Kilogr.	Excédant sur la terre sans aucun engrais. Kilogr.
307	Engrais complet........	15.000	»

M. Crepel, à Wailly (Pas-de-Calais).

1.000	Engrais complet........	14.850	2.100
	Fumier de ferme.......	20.625	7.875
»	Terre sans aucun engrais.	12.750	»

M. Borel, à Château-Fay (Seine-et-Oise).

1.000	Engrais complet.......	14.040	»
18.000	Fumier de ferme.......	10.666	»

M. Maussier, à Saint-Etienne (Loire).

1.200	Engrais complet n° 3...	14.625	»
40.000	Fumier de ferme......	14.000	»

M. de Matharel, au Chéry (Puy-de-Dôme).

1.000	Engrais incomplet n° 2.	13.800	5.800
1.200	Engrais complet n° 2...	13.000	5.000
»	Terre sans aucun engrais.	8.000	»

M. Lebel, à Chevickey (Haute-Marne).

1.000	Engrais complet n° 3...	13.760	1.960
40.000	Fumier de ferme.......	15.120	3.320
»	Terre sans aucun engrais.	11.800	»

M. Genermont, au Mesnil-Saint-Nicaise (Somme).

1.000	Engrais complet........	13.650	»

M. le baron Dael de Koeth, à Sœrgenloch (près Mayence).

1.300	Engrais complet n° 5...	12.900	»

M. Grandeau, à Nancy (Meurthe).

1.800	Engrais complet intensif.	12.000	en perte
1.650	Engrais complet intensif.	8.300	en perte
»	Terre sans aucun engrais.	17.900	»

Kilogr.		Rendement à l'hectare. Kilogr.	Excédant sur la terre sans aucun engrais. Kilogr.
	M. Lainné, à Braisne (Aisne).		
1.200	Engrais complet n° 2....	12.000	»
50.000	Fumier de ferme.......	12.000	»
	M. Vérel, à l'Angevinière (Sarthe).		
1.000	Engrais complet........	11.080	»
25.000	Fumier de ferme.......	10.400	»
	M. Busy, à Woippy (Moselle).		
1.200	Engrais complet intensif.	10.384	8.269
1.000	Engrais complet........	9.784	7.669
50.000	Fumier de ferme.......	13.076	10.961
»	Terre sans aucun engrais.	2.115	»
	M. Delestrac, à Cucuron (Vaucluse).		
600	Engrais incomplet n° 2..	9.680	»
»	Terre ayant reçu en 1867 1.200 kil. engrais complet..............	9.821	»
	M. Vincent de Saint-Bonnet, au château de Pollet (Ain).		
1.200	Engrais complet........	9.400	»
1.400	Engrais complet intensif.	8.800	»
50.000	Fumier de ferme.......	18.500	»
	M. Maillot, à Dampierre-sur-Salon (Haute-Saône).		
600	Engrais complet n° 1...	9.320	»
500	Engrais complet.......	9.000	»
»	Rendement moyen du pays avec fumier....	9.000	»
	M. Cail, à la Briche (Indre-et-Loire).		
640	Engrais complet intensif.	8.250	750
490	Engrais complet........	8.250	750
60.000	Fumier de ferme.......	7.500	»
30.000	Fumier de ferme.......	8.625	1.125
»	Terre sans aucnn engrais.	7.500	»
	M. de Gillès, à Saulchoix-Clary (Somme).		
1.200	Engrais complet n° 3....	7.760	1.360
»	Terre sans aucun engrais.	6.400	»

M. Goussard de Mayolles, au château de Haut-Brizay (Indre-et-Loire).

Kilogr.		Rendement à l'hectare. Kilogr.	Excédant sur la terre sans aucun engrais. Kilogr.
714	Engrais complet n° 3....	7.125	3.450
34.000	Fumier de ferme.......	6.450	2.775
»	Terre sans aucun engrais.	3.675	»

Moyenne des rendements.

		Rendements par hectare. Kilogr.	Hectol.
1.008	Engrais complet........	11.119	171
39.700	Fumier de ferme.......	11.633	178
	Excédant en faveur du fumier..	514	7

RÉCAPITULATION DES RÉSULTATS OBTENUS SUR LA POMME DE TERRE.

	ENGRAIS CHIMIQUE.		FUMIER DE FERME.	
	ENGRAIS.	RÉCOLTE.	FUMIER.	RÉCOLTE.
	kilogr.	kilogr.	kilogr.	kilogr.
1re série...	1.132	38.271	42.833	30.812
2e série...	1.051	24.288	37.500	16.871
3e série...	1.174	17.266	39.750	14.921
4e série...	1.008	11.119	39.700	11.633

MOYENNE GÉNÉRALE.

	Kilogr. Par hectare.	Hectol.
1.090 kil. d'engrais chimique ont produit...........	22.736	350
39.946 de fumier de ferme...	18.559	285
Excédant en faveur de l'engrais chimique..	4.177	65

APPENDICE.

Cinquième série.

Engrais chimiques associés au fumier de ferme.

M. BARDANSON, à Bruxelles (Belgique).

Kilogr.		Rendement à l'hectare. Kilogr.	Excédant sur la terre sans aucun engrais. Kilogr.
600	Engrais complet......	30.400	»
25.000	Fumier de ferme......		
600	Engrais complet......	20.400	»
10.000	Fumier de ferme......		
10.000	Fumier de ferme	9.600	»

M. BOUGON, à Noyon (Oise).

400	Engrais complet......	26.444	5.889
27.000	Fumier de ferme......		
27.000	Fumier de ferme......	22.777	2.222
»	Terre sans aucun engrais	20.555	»

M. DE RIBEROLLES, au château de Ravel (Puy-de-Dôme).

800	Engrais complet n° 3..	24.000	»
30.000	Fumier de ferme......		
40.000	Fumier de ferme	20.000	»

M. BOREL, au château de Collex (Suisse).

500	Engrais complet......	22.130	»
25.000	Fumier de ferme......		
25.000	Fumier de ferme......	20.470	»

M. DE GUAITA, à Nancy (Meurthe).

1.400	Engrais complet......	22.000	»
50.000	Fumier de ferme......		
60.000	Fumier de ferme......	17.000	»

M. BOREL, au Château-Fraye (Seine-et-Oise).

500	Engrais complet......	17.350	»
18.000	Fumier de ferme......		
18.000	Fumier de ferme......	10.666	»

M. Vérel, à l'Angevinière (Sarthe).

Kilogr.		Rendement à l'hectare. Kilogr.	Excédant sur la terre sans aucun engrais. Kilogr.
500	Engrais complet......		
12.000	Fumier de ferme.....	10.880	»
25.000	Fumier de ferme......	10.400	»

M. Mayre, aux Boulayes (Seine-et-Marne).

600	Engrais complet......		
25.000	Fumier de ferme.....	12.300	»

AVOINE.

Première série.

Rendements compris entre 50 *hectolitres et au-dessus par hectare.*

		Hectol.	Hectol.
	M. Hubert, à Frethun (Pas-de-Calais).		
1.200	Engrais complet.......	79.00	18.00
»	Terre sans aucun engrais	61.00	»
	M. Kien, à Schwerdoff (Moselle).		
1.200	Engrais complet n° 2...	68.00	18.00
49.500	Fumier de ferme.......	70.00	20.00
»	Terre sans aucun engrais	50.00	»
	Le R. P. Marie-Augustin, à Notre-Dame des Dombes (Ain).		
200	Sulfate d'ammoniaque..	60.00	»
	M. Thomas, aux Gevrils (Loiret).		
750	Engrais complet.......	58.00	»
50.000	Fumier de ferme......	43.00	»
	M. Fourneret, à Fontainebleau (Seine-et-Marne).		
»	Engrais complet.......	57.00	»
	M. Nels, à Haute-Yutz (Moselle).		
1.200	Engrais complet.......	56.00	32.00
»	Terre sans aucun engrais	24.00	»
	M. de Guaita, à Nancy (Meurthe).		
500	Engrais complet.......	54.50	23.60
»	Terre sans aucun engrais	30.90	»

M. BERTIN, à Montenach (Moselle).

Kilogr.		Rendements par hectare. Hectol.	Excédant sur la terre sans aucun engrais. Hectol.
1.200	Engrais complet.......	53.00	29.67
40.500	Fumier de ferme......	30.00	6.67
»	Terre sans aucun engrais.	23.33	»

M. DE MATHAREL, au Chéry (Puy-de-Dôme).

500	Engrais complet.......	52 00	6.00
»	Terre sans aucun engrais	46.00	»

M. BAROUX, à Digeon (Somme).

600	Engrais complet n° 1..	50.00	45.90
	Terre sans aucun engrais	4.10	»

M. ROTTOU, au Puget (Var).

»	Engrais complet......	50.00	»

MOYENNE DES RENDEMENTS.

		Kilogr.
816	*Engrais chimique*..........	58.95
46.666	*Fumier de ferme*..........	47.66
	Excédant en faveur de l'engrais chimique...........	11.29

Deuxième série.

Rendements compris entre 35 *et* 50 *hectolitres par hectare.*

M. BOURCART, au château de Chatellier (Cher).

»	Engrais complet.......	45.00	»

M. LATOUR, à Broye (Saône-et-Loire).

1.200	Engrais complet.......	45.00	1.25
	Terre sans aucun engrais	43.75	»

M. DE GILLÈS, à Saulchoix-Clary (Somme).

600	Engrais complet.......	42.50	»
60.000	Fumier de ferme......	36.25	»

M. DE LAREVANCHÈRE, à Villegast (Charente).

1.200	Engrais complet........	42.20

M. MAYRE, aux Boulayes (Seine-et-Marne).

1.000	Engrais complet.......	42.00

M. de Beaucé, à Saumur (Maine-et-Loire).

Kilogr.		Rendement à l'hectare. Hectol.	Excédant sur la terre sans aucun engrais. Hectol.
650	Engrais complet.......	42.00	37.00
»	Terre sans aucun engrais	5.00	»

M. de Chousy, au Guerinet (Loir-et-Cher).

1.200	Engrais complet...... ..	42.00	»
1.600	Engrais complet intensif.	36.00	
	Rendement moyen de la contrée avec fumier..	20.00	»

M. Thomasson, à Varennes-sur-Allier (Allier).

400	Engrais complet n° 1.. .	36.00	»

M. Retaillau, à la Colette (Maine-et-Loire).

200	Sulfate d'ammoniaque..	36.00	»
	Rendement moyen du pays avec fumier....	21.00	»

MOYENNE DES RENDEMENTS.

		Hectol.
894	*Engrais chimique.........*	40 41
60.000	*Fumier de ferme..........*	36.25
	Excédant en faveur de l'engrais chimique.............	4.16

Troisième série.

Rendements compris jusqu'à 35 *hectolitres par hectare.*

M. Grandeau, à Nancy (Meurthe).

1.800	Engrais complet intensif.	35.10	16.80
1.650	Engrais complet intensif.	35.00	16.70
»	Terre sans aucun engrais	18.30	»

M. Saunier, aux Teppes Alixan (Drôme).

800	Engrais complet n° 1...	34.00	15.00
600	Engrais complet n° 1.. .	34.00	15.00
500	Engrais complet n° 1...	34.00	15.00
»	Terre sans aucun engrais	19.00	»

9

M. le marquis DE VIRIEU, à Pupetière (Isère).

Kilogr.		Rendements par hectare. Hectol.	Excédant sur la terre sans aucun engrais. Hectol.
»	Engrais complet intensif.	31 00	»
	SOCIÉTÉ D'AGRICULTURE D'AMIENS (Somme).		
1.600	Engrais complet intensif	28.00	13.00
1.200	Engrais complet.......	20.00	5.00
60.000	Fumier de ferme.......	23.00	8.00
30.000	Fumier de ferme......	21.00	6.00
»	Terre sans aucun engrais	15.00	»
	M. DE LAREVENCHÈRE, à Villegast (Charente).		
1.600	Engrais complet intensif	26.70	»
	M. BAROUX, à Digeon (Somme).		
600	Engrais complet n° 1..	24.54	19.52
500	Engrais complet n° 3...	13.18	8.16
»	Terre sans aucun engrais	5.02	»

MOYENNE DES RENDEMENTS.

		Hectol.
1.085	*Engrais chimique*...........	28.45
45.000	*Fumier de ferme*..........	22.00
	Excédant en faveur de l'engrais chimique............	6.45

RÉCAPITULATION DES RÉSULTATS OBTENUS SUR L'AVOINE.

	ENGRAIS CHIMIQUE.		FUMIER DE FERME	
	ENGRAIS. kilogr.	RÉCOLTE. hectol.	FUMIER. kilogr.	RÉCOLTE. hectol.
1re série..	816	58.95	46.666	47.66
2e série..	894	40.41	60.000	36.25
3e série..	1.085	28.45	45.000	22.00

MOYENNE GÉNÉRALE.

Kilogr.		Hectol.
932	d'engrais chimiqués ont produit......................	42.60
50.555	de fumier de ferme.........	35.30
	Excédant en faveur de l'engrais chimique.....................	7.30

ORGE.

Première série.

Rendements compris entre 40 et 75 hectolitres par hectare.

Kilogr.		Rendements par hectare. Hectol.	Excédant sur la terre sans aucun engrais. Hectol.
	M. Paquin, à Distroff (Moselle).		
1.200	Engrais complet........	74.80	33.27
66.000	Fumier de ferme.......	46.00	4.47
»	Terre sans aucun engrais	41.53	»
	M. Weynandt, à Zentrich (Moselle).		
1.200	Engrais complet intensif	60.58	5.20
15.000	Fumier de ferme......	55.90	0.52
»	Terre sans aucun engrais	55.38	»
	M. Hippert, à Kœking (Moselle).		
1.200	Engrais complet.......	53.10	28.85
40.000	Fumier de ferme......	46.10	21.85
»	Terre sans aucun engrais	24.25	»
	M. Leidelinger, à Cattenom (Moselle).		
1.200	Engrais complet.......	49.10	22.80
37.500	Fumier de ferme.......	33.60	7.30
»	Terre sans aucun engrais	26.30	»
	M. Mathelin, à Bertrange (Moselle).		
1.200	Engrais complet.......	48.50	25.50
37.500	Fumier de ferme......	47.00	24.00
»	Terre sans aucun engrais.	23.00	»
	M. Nels, à Haute-Yutz (Moselle).		
1.000	Engrais complet.......	42.00	22.00
»	Terre sans aucun engrais	20.00	»

MOYENNE DES RENDEMENTS.

1.166	*Engrais chimique..........*	54.68
39.200	*Fumier de ferme..........*	45.72
	Excédant en faveur de l'engrais chimique............	8.96

Deuxième série.

Rendements compris entre 30 et 40 hectolitres par hectare.

M. Fendt, à Haute-Ham (Moselle).

Kilogr.		Rendements par hectare. Hectol.	Excédant sur la terre sans aucun engrais. Hectol.
1.200	Engrais complet.......	37.00	17.50
22.500	Fumier de ferme......	23.40	3 90
»	Terre sans aucun engrais	19.50	»
	M. Chevalier, à Francières (Oise).		
1.600	Engrais complet intensif	35.40	17 00
1.200	Engrais complet.......	30.80	12.40
30.000	Fumier de ferme......	18.40	»
»	Terre sans aucun engrais	18.40	»
	M. Boullevraye, à Saint-Denis de Gastine (Mayenne).		
1.200	Engrais complet.......	34.00	»
	M. Mompeurt, à Grandrange (Moselle).		
1.200	Engrais complet.......	34.00	»
60.000	Fumier de ferme.......	32.00	»
	M. le marquis de Landreville, à Amiens (Somme).		
1.200	Engrais complet.......	35.00	»
	M. Fonvielle, à Landuzière (Oise).		
1.000	Engrais complet.......	32.30	6.10
»	Terre sans aucun engrais	26.20	»

Moyenne des rendements.

1.228	*Engrais chimiques.........*	34.07
40.833	*Fumier de ferme..........*	24.60
	Excédant en faveur des engrais chimiques................	9.47

Troisième série.

Rendements compris entre 20 et 30 hectolitres par hectare.

M. le baron Dael de Koeth, à Sœrgenloch (Prusse).

850	Engrais complet.......	29.20	16.20

Kilogr.		Rendements par hectare. Hectol.	Excédant sur la terre sans aucun engrais Hectol.
1.200	.....	25.30	12.30
1.000	—	25.30	12.30
850	—	23.70	10.70
»	Terre sans aucun engrais	13 00	»

M. Barré, à Haute-Yutz (Moselle).

Kilogr.		Rendements	Excédant
1.200	Engrais complet	27.70	14.80
20.100	Fumier de ferme......	16.00	3.10
»	Terre sans aucun engrais.	12.90	»

M. Goussard de Mayolles, au Haut-Brizay (Indre-et-Loire).

Kilogr.		Rendements	Excédant
330	Engrais complet.......	26.00	11.70
30.000	Fumier de ferme......	22.00	7.70
»	Terre sans aucun engrais.	14.30	»

M. Mayre, aux Boulayes (Seine-et-Marne).

Kilogr.		Rendements	Excédant
1.200	Engrais complet.......	25.00	»

M. le marquis de Virieu, à Pupetières (Isère).

Kilogr.		Rendements	Excédant
830	Engrais complet.......	22.50	»

M. Mompeurt, à Grandrange (Moselle).

Kilogr.		Rendements	Excédant
1.200	Engrais complet.......	20.00	»
60.000	Fumier de ferme......	16.00	»

MOYENNE DES RENDEMENTS.

Kilogr.		
962	*Engrais chimique.........*	24.96
36.700	*Fumier de ferme..........*	18.00
	Excédant en faveur de l'engrais chimique............	6.96

Quatrième série.

Rendements compris jusqu'à 20 hectolitres par hectare.

M. Rodicq, à Uckange (Moselle).

Kilogr.		Rendements	Excédant
1.200	Engrais complet.......	19.70	14 37
46.500	Fumier de ferme	13.35	8.02
»	Terre sans aucun engrais	5.33	»

M. Grandeau, à Nancy (Meurthe).

Kilogr.		Rendements	Excédant
1.650	Engrais complet intensif.	17.04	en perte.
1.800	Engrais complet intensif	14.20	en perte.
»	Terre sans aucun engrais	18.10	»

M. Vérel, à l'Angevinière (Sarthe).

Kilogr.		Rendements par hectare. Hectol.	Excédant sur la terre sans aucun engrais. Hectol.
1.200	Engrais complet.......	12.60	»
»	Fumier de ferme	12.90	»

MOYENNE DES RENDEMENTS.

1.462	*Engrais chimique*..........	15.88
46.500	*Fumier de ferme*..........	13.35
	Excédant en faveur de l'engrais chimique............	2.53

RÉCAPITULATION DES RÉSULTATS OBTENUS SUR L'ORGE.

	ENGRAIS CHIMIQUE.		FUMIER DE FERME.	
	ENGRAIS. kilogr.	RÉCOLTE. hectol.	FUMIER. kilogr.	RÉCOLTE. hectol.
1re série...	1.166	54.68	39.200	45.72
2e série...	1.228	34.07	40.833	24.60
3e série...	962	24.96	36.700	18.00
4e série...	1.462	15.88	46.500	13.35

MOYENNE GÉNÉRALE.

Kilogr.		Hectol.
1.204	d'engrais chimique ont produit.	32.40
40.808	de fumier.................	25.40
	Excédant en faveur de l'engrais chimique................	7.00

MAÏS.

Première série.

Rendements compris entre 40 *et* 65 *hectolitres par hectare.*

M. Méro, à Cannes (Alpes-Maritimes).

1.500	Engrais complet intensif	65.00	»
»	Fumier de ferme......	65.00	»

M. de Guaita, à Nancy (Meurthe).

1.600	Engrais complet intensif.	57.35	»

M. GRENOUILLET, à Pruniers (Indre).

Kilogr.		Rendements par hectare. Hectol.	Excédant sur la terre sans aucun engrais. Hectol.
1.200	Engrais complet	57.15	»
	M. GRANDEAU, à Nancy (Meurthe).		
450	Engrais complet... ...	42.10	»
	M. DE RIBEROLLES, à Ravel (Puy-de-Dôme).		
800	Engrais complet.......	42.00	»
	MOYENNE DES RENDEMENTS.		
1.110	*Engrais chimique.....*	52.72	»

Deuxième série.

Rendements compris entre 20 et 25 hectolitres par hectare.

	SOCIÉTÉ D'AGRICULTURE DE NICE (Alpes-Maritimes).		
800	Engrais complet.......	24.70	4.50
60.000	Fumier de ferme.......	33.70	13.50
30.000	Fumier de ferme......	23.20	3.00
»	Terre sans aucun engrais	20.20	»
	M. VILLERAND, à Maison-Neuve (Dordogne).		
580	Engrais complet.......	24.40	11.10
48.000	Fumier de ferme......	25.00	11.70
»	Terre sans aucun engrais.	13.30	»
	M. SARREMO, à Amons (Landes).		
1.200	Engrais complet.......	24.00	»
30.000	Fumier de ferme......	24.00	»
	M. CAIL, à la Briche (Indre-et-Loire).		
640	Engrais complet.......	22.00	8.00
490	Engrais complet.......	20.00	6.00
60.000	Fumier de ferme.......	19.00	5.00
30.000	Fumier de ferme......	29.00	15.00
»	Terre sans aucun engrais	14.00	»

MOYENNE DES RENDEMENTS.

742	*Engrais chimique ....*	23.02
43.000	*Fumier de ferme..........*	25.65
	Excédant en faveur du fumier.	2.63

RÉCAPITULATION DES RÉSULTATS OBTENUS SUR LE MAÏS.

	ENGRAIS CHIMIQUE.		FUMIER DE FERME.	
	ENGRAIS. kilogr.	RÉCOLTE. hectol.	FUMIER. kilogr.	RÉCOLTE. hectol.
1re série...	1.110	52.72	»	»
2e série...	742	23.02	43.000	25.65

MOYENNE GÉNÉRALE.

Kilog.		Hectol.
926	d'engrais chimique ont produit.	37.87
43.000	de fumier..................	25.65
	Excédant en faveur de l'engrais chimique..................	12.22

SEIGLE.

M. Verrollot, à Planay (Aube).

Kilogr.		Rendements par hectare. Kilogr.	Excédant sur la terre sans aucun engrais. Kilogr.
1.200	Engrais complet.......	36.00	18.00
»	Terre sans aucun engrais	18.00	»
	M. Nels, à Haute-Yutz (Moselle).		
1.000	Engrais complet.......	32.00	17.00
»	Terre sans aucun engrais.	15.00	»
	MOYENNE DES RENDEMENTS.		
1.100	*Engrais chimique.....*	34.00	»
»	*Terre sans engrais....*	16.50	»
	Excédant en faveur de l'engrais chimique....	17.50	»

SARRASIN.

M. Rieffel, école de Grand-Jouan (Loire-Inférieure).

1.200	Engrais complet.......	33.00	33.00
30 000	Fumier de ferme......	19.00	19.00
»	Terre sans aucun engrais	nul.	
	M. Labady, à Poitiers (Vienne).		
1.200	Engrais complet.......	28.00	»

MOYENNE DES RENDEMENTS.

Kilogr.		Hectol.	
1.200	*Engrais chimiques....*	30.50	»
30.000	*Fumier de ferme......*	19.00	»
	Excédant en faveur des engrais chimiques.....	11.50	»

COLZA.

M. LAVAUX, à Choisy-le-Temple (Seine-et-Marne).

Kilogr.		Rendements par hectare. Hectol.	Excédant sur la terre sans aucun engrais. Hectol.
500	Sulfate d'ammoniaque..	32.60	»
50.000	Fumier de ferme......	20.00	»
	M. BARBANSON, à Bruxelles (Belgique).		
500	Engrais complet.......	28.00	7.00
»	Terre sans aucun engrais	21.00	»
	M. DE MATHAREL, au Chery (Puy-de-Dôme).		
1.200	Engrais complet n° 1...	25.00	12.00
1.000	Engrais complet n° 1...	25.00	12.00
	Terre sans aucun engrais	13.00	»

MOYENNE DES RENDEMENTS.

800	*Engrais chimique......*	27.65	»
50.000	*Fumier de ferme......*	20.00	»
	Excédant en faveur de l'engrais chimique.....	7.65	»

LIN.

M. BARBANSON, à Bruxelles (Belgique).

Kilogr.		Kilogr.	
1.200	Engrais chimiques......	7.000	»
40.000	Fumier de ferme........	4.200	»

NAVETS.

M. VENDENDENDRUS, à Bouhem (Belgique).

300	Engrais complet......	45.000	35.000
»	Terre sans aucun engrais	10.000	»

M. DE MEULENAERE, au château de Welden (Belgique).

Kilogr.		Rendement à l'hectare. Kilogr.	Excédant sur la terre sans aucun engrais. Kilogr.
1.600	Engrais complet intensif.	42.800	27.800
1.200	Engrais complet.......	40.300	25.300
»	Terre sans aucun engrais	15.000	»
	MOYENNE DES RENDEMENTS.		
1.000	*Engrais chimiques....*	42.700	»
»	*Terre sans aucun engrais............*	12.500	»
	Excédant en faveur de l'engrais chimique....	30.200	»

PRAIRIES NATURELLES.

M. PONS, à Avignon (Vaucluse).

1.200	Engrais complet.......	9.920	»

M. MOUILLEFERT, à la ferme-école de Saint-Michel (Nièvre).

1.200	Engrais complet......	7.900	4.300
»	Terre sans aucun engrais	3.600	»

M. MEINIER, à la Haie Equiverlesse (Aisne).

1.600	Engrais complet intensif	7.000	4.700
1.200	Engrais complet........	5.600	3.300
»	Terre sans aucun engrais	2.300	»

M. MONIER, à Cambrai (Nord).

1.750	Engrais complet intensif	7.000	4.700
»	Terre sans aucun engrais	2.300	»

M. MAUSSIER, à Saint-Etienne (Loire).

1.200	Engrais complet n° 2...	6.000	»
50.000	Fumier de ferme......	4.800	»

M. MÉRO, à Cannes (Alpes-Maritimes).

1.600	Engrais complet intensif.	6.600	3.270
1.200	Engrais complet.......	6.100	2.770
30.000	Fumier de ferme	5.250	1.920
30.000	Fumier de ferme......	5.720	2.390
»	Terre sans aucun engrais	3.330	»

M. Thuillier, à Sainte-Anne les Monneren (Moselle).

Kilogr.		Rendement par hectare. Hectol.	Excédant sur la terre sans aucun engrais. Hectol.
1.600	Engrais complet intensif.	4.500	»
1.200	Engrais complet.......	4.250	»

M. Colin, à Pontarlier (Doubs).

Kilogr.		Rendement par hectare. Hectol.	Excédant sur la terre sans aucun engrais. Hectol.
1.600	Engrais complet intensif	4.343	1.623
1.200	Engrais complet.......	4.150	1.430
30.000	Fumier de ferme......	3.600	880
»	Terre sans aucun engrais	2.720	»

MOYENNE DES RENDEMENTS.

Kilogr.		Rendement par hectare. Hectol.	Excédant sur la terre sans aucun engrais. Hectol.
1.460	*Engrais chimique....*	6.114	»
35.000	*Fumier de ferme......*	4.842	»
	Excédant en faveur de l'engrais chimique....	1.272	»

VIGNE.

Le R. P. Marie-Augustin, à Notre-Dame-des-Dombes (Ain).

Kilogr.			
1.200	Engrais complet.......	80.00	hectol.
60.000	Fumier de ferme......	80.00	»

M. Narbonne, à Bize (Aude).

Kilogr.			
1.200	Engrais complet......	57.00	»
22.000	Fumier de ferme......	46.00	»

M. du Peyrat, à la ferme-école de Beyrie (Landes).

Kilogr.			
730	Engrais complet.......	46.30	15.95
1.200	Engrais complet.......	45.50	15.15
»	Terre sans aucun engrais	30.35	»

Paris. — Typographie Ad. Lainé, rue des Saints-Pères, 19.

EXTRAIT DU CATALOGUE DE LA LIBRAIRIE AGRICOLE

RUE JACOB, 26.

OUVRAGES DE M. G. VILLE

RECHERCHES EXPÉRIMENTALES SUR LA VÉGÉTATION; in-8.

LA MALADIE DES POMMES DE TERRE; in-8.

LA BETTERAVE ET LA LÉGISLATION DES SUCRES. Conférence faite à Arras le [illegible]; in-8 avec planche.

L'AGRICULTURE PAR LA SCIENCE ET LE CRÉDIT. Conférence faite à la Sorbonne, le 7 janvier 1869; in-8.

L'ÉCOLE DES ENGRAIS CHIMIQUES. Premières notions de l'emploi des agents de fertilité — guide pratique pour l'établissement des champs d'expériences, *vade-mecum* indispensable des régisseurs; in-12.

LES ENGRAIS CHIMIQUES. Entretiens agricoles donnés au champ d'expériences de Vincennes en 1867 et en 1868; 2 volumes in-8.

SOUS PRESSE

TRAITÉ DE LA PRODUCTION VÉGÉTALE. — Conférences de 1864. — Ouvrage épuisé et réclamé depuis longtemps.

www.ingramcontent.com/pod-product-compliance
Ingram Content Group UK Ltd.
Pitfield, Milton Keynes, MK11 3LW, UK
UKHW021825190726
13853UKWH00003B/1186